Frank Thomas Dietz

irmscher

Innovation und Style seit 1968

Die Story

HEEL

IMPRESSUM

HEEL Verlag GmbH
Gut Pottscheidt
53639 Königswinter
Telefon 0 22 23 / 92 30-0
Telefax 0 22 23 / 92 30 13
Mail: info@heel-verlag.de
Internet: www.heel-verlag.de

1. Auflage

Verantwortlich für den Inhalt:
Frank Thomas Dietz

Lektorat:
Jürgen Schlegelmilch
Jost Neßhöver
Tim Ole Saathoff
Thorsten Elbrigmann

Abbildungsnachweis:

Alle Abbildungen (Fotos und Reproduktionen) Archiv Irmscher,
mit Ausnahme:
Archiv Autor (S. 6, beide); Archiv HEEL Verlag (S. 123 unten links, 127 Mitte und unten, 150 Mitte); Archiv Walter Röhrl (S. 111 unten); GM Corp. (S. 70 unten, 71 alle, 140 unten); Dirk Thomas Heere (S. 102/103); Kia Motors Corp. (S. 69 alle); Opel Automobile GmbH (S. 24 oben, 25 oben links, 42/43, 54 Mitte, 61 Mitte und unten, 62 unten, 63 oben links und rechts, 79 unten, 97, 99 unten, 115 alle, 116 oben, 117 oben, 119 unten, 120 unten rechts, 127 alle, 128 oben, 129 unten); Dieter Rebmann (S. 7 links, 65, 108/109, 124/125, 129 Mitte, 141 oben, 144/145); Renault SA (S. 65); Jürgen Schlegelmilch (S. 136 oben); Stellantis N.V. (S. 68 alle, 70 oben); Jan Strunk (S. 1, 96, 112)

Titelfoto (Hauptmotiv):
Jan Strunk

Lithographie, Satz und Gestaltung:
Kai Huwer, Huwer-Design, Hürth

Printed in Slovakia
ISBN: 978-3-95843-697-8

VORWORT WALTER RÖHRL 4
VORWORT FRANK THOMAS DIETZ 6
VORWORT GÜNTHER IRMSCHER JR. 7
IRMSCHER STORY TEIL 1: SPORT, SPIEL, SPANNUNG 8
IRMSCHER STORY TEIL 2: AUFBRUCH ZU NEUEN UFERN 64
IRMSCHER STORY TEIL 3: IDEENSCHMIEDE UND HERSTELLER 76
IRMSCHER UND DAS MARKETING 86
IRMSCHER UND DER MOTORSPORT 96
IRMSCHER HEUTE – PARTNER DER AUTOMOBILINDUSTRIE 148

Vorwort Walter Röhrl

ENGAGEMENT, ZIELSTREBIGKEIT, LEISTUNG

Neustart: Nach einem ersten Auftritt im Commodore bei der „Monte '73" tritt Walter Röhrl erstmals in der Saison 1973 auf dem Ascona A an – und holt auf Anhieb die Vize-Europameisterschaft, 1974 dann den Europameistertitel!

„Stolz, ein Teil der Unternehmensgeschichte zu sein."
Walter Röhrl

Als bei der Rallye Monte Carlo ein junger Mann an die Scheibe meines Autos klopfte, hätte ich nicht gedacht, dass dies der Beginn einer der spannendsten Phasen in meinem Leben sein würde. Der Mann hieß Gerhard Hinterthan und war für seinen Arbeitgeber Opel quasi „inkognito" unterwegs. Was in den nächsten Jahren folgte, war tatsächlich die Erfüllung meiner Träume.

Schon ein Jahr nach dem ersten Treffen mit Gerd Hinterthan sollte ich mit Irmscher-Hilfe Vize-Europa-Rallyemeister auf Opel Ascona sein – direkt hinter dem damals fast übermächtigen Sandro Munari auf Lancia. Denn während Irmscher und Opel das Team eher mit knappen Budgets und viel Idealismus führen mussten – die damalige Konzernmutter General Motors war ja nicht im Detail eingeweiht – pumpte die Fiat-Gruppe damals Saison für Saison große Summen in den Motorsport. Umso höher ist dieser erste Erfolg für das Irmscher-Team zu bewerten, auf den wir alle Ende der Saison 1973 mächtig stolz waren. Und der ohne die Kenntnisse und das Engagement von Günther Irmscher nicht möglich gewesen wäre!

Vor meinem Start bei Irmscher hatte ich auf Ford Capri bereits die Int. Sachs-Rallye Baltic gewonnen und bei der Rallye Olympia im August '72 lange vorn gelegen. So waren Irmscher und Opel auf mich aufmerksam geworden, wie mir später der inzwischen leider verstorbene Treufried Peter Preikschat verriet, in den frühen 70er Jahren Chef der Opel-Sportförderung. Preikschat und Hinterthan brauchten nicht lange, um mich davon zu überzeugen, für Irmscher und Opel aktiv zu werden. Und da – wie gesagt – zu dieser Zeit Opel noch keine offizielle „Motorsport-Erlaubnis" von GM hatte, wurde schnell der Kontakt zu Günther Irmscher hergestellt, der alle Aktivitäten bündeln, koordinieren und umsetzen sollte.

Günther Irmscher war mir schon durch seine Rallye-Erfolge in den 60er Jahren ein Begriff. Auch war bekannt, dass er bereits für Opel Rallye-Kadetten mit großem Erfolg für die Tour d'Europe und andere Läufe vorbereitete und betreute. Der Vertrag, den mir Günther im „inoffiziellen" Auftrag von Opel auf den Tisch legte, war perfekt: 850 Mark im Monat und ein stets verfügbares Auto waren ein Wort, denn trotz erster motorsportlicher Ergebnisse war ich ja zu diesem Zeitpunkt offiziell noch beim bischöflichen Ordinariat in Regensburg angestellt.

Stimmung und Spirit im jungen Unternehmen Irmscher waren großartig. Alle arbeiteten mit viel Enthusiasmus an Fahrzeugen und Technik. Männer der ersten Stunde waren die Brüder Carenini, die voller Begeisterung Motoren vorbereiteten und für viel italienisches Flair in der Firma sorgten. Und Elfriede Irmscher, Günthers Ehefrau, sorgte mit ihrer positiven Stimmung und viel Unterstützung stets dafür, dass man sich nicht nur gut, sondern fast schon familiär aufgehoben fühlte. Gerne erinnere ich mich an „Benzingespräche" im Wohnzimmer der Irmschers.

Marketing-Entscheidung: Nach dem Ascona A setzt Opel ab 1975/76 statt des größeren Ascona B das Kadett GT/E Coupé ein – das sollte neue Käufergruppen von dem 1975 vorgestellten Modell überzeugen.

Auch die Planung der '73er Monte ist mir noch in guter Erinnerung. Eigentlich wäre der Ascona A das perfekte Auto gewesen. Aber der Querstrom-Motor war noch nicht fertig und die rund 150 PS des normalen CiH-Vierzylinders erschienen im Wettbewerb einfach zu wenig. So fiel die Wahl auf den neuen Commodore, eigentlich ein für die damalige Zeit tolles Grand Turismo-Coupé. Für die Rallye Monte Carlo hingegen war er eine Spur zu groß. Die Leistung des von der serienmäßigen elektronischen Benzineinspritzung später nach dem Monte-Einsatz dann auf Weber-Vergaser umgestellten GS/E-Motors stimmte zwar, aber die Bremsen waren für den harten Rallye-Wettbewerb nicht optimal. Im Gedächtnis ist mir noch, dass Gerd Hinterthan mir zum Testen seinen Dienstwagen, einen Commodore mit Differentialsperre, zur Verfügung stellte. Der fuhr sich richtig gut. So driftete ich bei Schnee und Matsch mit dem Commodore durch kleine Orte in den Seealpen – und landete mit der Achse unsanft an einem Randstein, der sich unter einem Schneeberg versteckte. Gerd Hinterthan, inzwischen leider auch verstorben, hat es gelassen genommen, wenngleich er danach mit dem Zug heimfahren musste. Aber der Klassensieg in Gruppe 4 entschädigte dafür doppelt und dreifach. Keiner hätte erwartet, dass wir mit einem Straßenfahrzeug dieser Größe erfolgreich mitmischen können.

Mit dem Ascona A und dem von Günther Irmscher perfekt präparierten Querstrom-Motor ging es dann deutlich besser. Das war das perfekte Auto: kompakt, gut liegend. Und so kamen schnell auch Erfolge. Zusammen mit meinem Co-Piloten Jochen Berger lagen wir also bei vier Läufen vorn – und am Ende auf Platz 2 hinter Munari. Ich bin überzeugt, dass wir den Europameister-Titel geholt hätten, wäre der letzte Lauf nicht abgesagt worden... Das ganze Irmscher Team war wahnsinnig stolz auf diesen Erfolg – eine tolle Stimmung!

1974 kam dann die offizielle Übernahme der Motorsport-Abteilung durch Opel. Und mit dem Ascona war es dann schon fast klar, dass das Ziel Rallye-Europameister sein musste, was ja auch gelang. Leider konnten wir das mit dem Kadett GT/E 1976 und 1977 – mit Ausnahme des Siegs bei den 24 Stunden von Ypern 1976 – nicht aufrecht erhalten. Das Auto fuhr sich super, war aber nicht für Rallye-Belastungen ausgelegt. Und das Reglement erlaubte nicht, dass Serienteile gegen massivere für den Wettbewerb ausgetauscht werden durften, wie beispielsweise das Kardanwellen-Lager, mit dem wir häufiger Probleme hatten. Aber Opel beharrte aus Marketing-Gründen auf dem Einsatz des Kadett GT/E.

1975 bereitete Günther Irmscher den Manta A für die 24 Stunden von Spa-Francorchamps vor, die ich mit Rauno Aaltonen fuhr. Es war ein tolles Auto und wir lagen gut im Rennen. Leider führte ein Schaltfehler in der zweiten Runde zum Überdrehen des Triebwerks und zum Ausfall. Dennoch: Es war ein toller Wettbewerb und ein super Auto – übrigens das Auto von Opel, das mir optisch immer am besten gefiel. Günther hatte auch aus dem Manta ein richtiges Wettbewerbsauto gezaubert. Leider konnte aber auch er technisch gegen Schaltfehler nichts ausrichten.

Eines ist klar: Es war eine tolle Zeit mit Irmscher, der ich den Aufstieg in den internationalen Rallyesport verdanke. Ich kann mit Fug und Recht sagen, dass ich Günther Irmscher dankbar bin, Teil dieser tollen Unternehmensgeschichte zu sein. Irmscher zeigt, wie weit man mit klarer Zielsetzung, viel Ausdauer und unermüdlichem Engagement kommen kann.

Vor diesem Hintergrund wünsche ich Günther Irmscher jr. und dem gesamten Team auch für die Zukunft weiterhin viel Erfolg!

Vorwort Frank Thomas Dietz

AM ANFANG WAR EIN AUFKLEBER

Irmscher – als ich noch zur Schule ging, war dieser Name für mich Inbegriff von Leistungssteigerung und Motorsport. Bereits als Fünfjähriger hatte ich durch den Rekord P1 meines Großvaters die Begeisterung für die Marke aus Rüsselsheim entwickelt. Noch bevor ich 1979 – endlich – den Führerschein erwarb, war klar, dass mein erstes Auto ein Opel werden sollte, am liebsten ein Kadett Coupé oder ein Manta im Irmscher-Trimm. Leider konnte ich mir so etwas als Neuwagen damals nicht leisten. So blieb es 1979 bei einem zweitürigen 1967er Rekord 1700 S in Zederngrün, immerhin aber mit Irmscher-Aufkleber! Ansonsten aber hatte ich zu dieser Zeit in erster Linie meine Tanzschul-Kurse (und natürlich die jeweiligen Partnerinnen) im Sinn ...

Stolz: Der Autor 1982 mit erstem neuen Kadett 1.6 S

Nach einem „Ausflug“ zu einem VW Golf I folgten in meiner Zeit als Redakteur für Tageszeitungen und Rundfunkanstalten zahlreiche weitere Opel-Modelle, darunter ein Kadett GSi Cabrio mit Irmscher-Leichtmetallrädern. Mit dem Wechsel in die Öffentlichkeitsarbeit und später in den Bereich Marketing der Adam Opel AG in Rüsselsheim kam auch der direkte Kontakt nach Winnenden und Remshalden. Das Unternehmen Irmscher war für mich als Astra-Produktmanager 1992 die Lösung für den Aufbau des Astra Caravan 2.0 16 V, des ersten echten Sportkombis im Kompakt-Segment. Werksseitig war diese Variante ursprünglich nicht vorgesehen gewesen. Doch sie war sinnvoll – auch um den Astra in jeder Hinsicht gegen den ersten Golf Variant abzusichern, denn die Wolfsburger wollten dort Fuß fassen, wo Opel schon lange der Platzhirsch war.

Die professionelle und unkomplizierte Abwicklung sowie weitere vielbeachtete Maßnahmen – wie der Aufbau des Senator 4.0i oder des Omega EVO 500 – bewiesen die Leistungsfähigkeit des Unternehmens und machten zahlreiche weitere Hersteller wie Renault, Kia sowie die PSA- und die FCA-Gruppe auf Irmscher aufmerksam. Heute ist Irmscher längst mehr als der Opel-Veredler der 70er Jahre. Als eigenständiger Hersteller von Fahrzeugen und Konzepten – auch für Vans und alternative Antriebe – hat sich Irmscher längst zum Systemanbieter für die gesamte Fahrzeugindustrie entwickelt.

Viele Erinnerungen aus meiner aktiven Zeit bei Opel gingen mir beim Texten dieses Buches durch den Kopf. Und oft musste ich an Ereignisse denken, die sich in meiner Erinnerung zu vielen Bildern entwickelt haben. Über diese Bezüge zu Zeitgeschichte oder Musik habe ich versucht, das Gefühl für die jeweiligen Epochen deutlich werden zu lassen. Jene Leser, die vermuten, dass ich in diesen Jahren auch Mitglied von Fanclubs verschiedener deutscher Schlagersänger gewesen sein könnte, kann ich beruhigen – wie vielen meiner Zeitgenossen waren mir damals Sweet und Slade näher als Bata Illic und Marianne Rosenberg.

Heute: Der Autor in Röhrls 1973er Monte-Carlo-Commodore.

Vorwort Günther Irmscher jr.

INNOVATIVE ZUKUNFT MIT DER HISTORIE ALS BASIS

Liebe Leserinnen und Leser,

sehr früh in meinem Leben war für mich klar, dass es sich um ein ganz besonderes Unternehmen mit einer einzigartigen Faszination handeln musste, standen doch begeisterte Fans nicht nur an den Rennstrecken dieser Welt, sondern fühlten sich, nicht selten als Kunde des Hauses, auf ganz persönliche Weise mit der Marke Irmscher verbunden.

Als 1973 der Irmscher Ascona A in den damaligen hauseigenen Werksfarben Gelb/Grün für die anstehenden Rallye-Einsätze in unseren Werkstätten aufgebaut wurde, war für mich sonnenklar: Mein neues Kettcar durfte nur diese Farben tragen – sonst wäre es nicht mein Original. Da es allerdings zur damaligen Zeit nicht viel Auswahl auf dem Tretauto-Markt gab, legte ich kurzerhand selbst Hand an, um mein erstes eigenes Fahrgerät mit der entsprechenden „Kriegsbemalung" zu versehen. Möglicherweise werde ich auch deswegen so emotional, weil sich heute gewissermaßen der Kreis schließt: In einem internen Programm haben wir eben diesen Ascona A Rallye-Wagen unter Mithilfe von Zeitgenossen und Wegbegleitern wieder originalgetreu auferstehen lassen. Dieses geschichtsträchtige Fahrzeug wird nicht nur seinen würdigen Platz im gut sortierten Irmscher-Museum erhalten, sondern auch bei Klassik-Veranstaltungen standesgemäß und traditionsbewusst zum Einsatz kommen.

Stets den Werten seines Gründers und meines Vaters Günther Irmscher verpflichtet, ist Irmscher stetig gewachsen und hat sich vom kleinen Familienunternehmen zum international operierenden Partner der Automobilindustrie mit Herstellerkompetenz entwickelt. Unser hoch motiviertes Team an Mitarbeitenden ist der Antrieb für jegliche Innovation und Grundlage für unseren Erfolg.

Es gibt zahllose Geschichten und Anekdoten rund um die Kultmarke Irmscher – vom Motorsport über den Hersteller innovativer Produkte bis hin zum Industriedienstleister. Lassen Sie sich überraschen von einem spannenden Rückblick auf die Historie und den interessanten Ausblicken auf Zukünftiges.

Ich wünsche Ihnen nun von Herzen viel Spaß beim Lesen und Stöbern und freue mich, Sie in Zukunft vielleicht einmal im Irmscher-Museum, an einer Rennstrecke oder gerne auch als Kunden kennenzulernen.

Ihr Günther Irmscher
Herbst 2024

irmscher
OP-EL 76

DIE IRMSCHER-STORY TEIL 1

SPORT SPIEL SPANNUNG

1955: WÄHREND ZWISCHEN MÄRZ UND JULI LAUT SCHLAGERSÄNGERIN KATHARINA VALENTE GANZ PARIS VON DER LIEBE TRÄUMT, HAT DER GERADE 18 JAHRE ALTE GÜNTHER IRMSCHER AUS HARTMANNSDORF BEI CHEMNITZ NUR EINEN WUNSCH: MÖGLICHST SCHNELL IN DEN WESTEN ÜBERZUSIEDELN. ZWAR IST DAS LAND GETEILT, DOCH GIBT ES NOCH KEINE MAUER. DENNOCH IST DER WECHSEL VON OST NACH WEST KOMPLIZIERT UND WILL GUT VORBEREITET SEIN.

MOTORSPORT UND GESELLSCHAFTSSYSTEME

Schon seit geraumer Zeit hegt der technikbegeisterte Irmscher das Ziel, in den Westen zu gehen. Zu verlockend sind die Möglichkeiten in der Bundesrepublik: freie Marktwirtschaft, moderne Fahrzeugtechnik und einfach die besseren Voraussetzungen für wirtschaftlichen Erfolg. Dazu kommt schon damals das Faible für den Motorsport – eine Begeisterung, die ihn sein ganzes Leben lang begleiten und Triebfeder für seinen großen wirtschaftlichen Erfolg sein wird. Die DDR-Automobilindustrie konzentriert sich zu diesem Zeitpunkt auf zwei ehemalige Standorte im thüringischen Eisenach (BMW) und in Zwickau (Auto Union). Einfache Zweitakter-Technik und ein knappes Angebot kennzeichnen die DDR-Produktion. Bis kurz vor dem Zusammenbruch des „Arbeiter- und Bauernstaates“ soll sich das nicht mehr fundamental ändern, auch wenn ab 1978 gelegentlich Golf und Mazda 323 importiert werden.

Neue Zeit: Irmscher präsentiert 1976 den Manta i2800 mit dem 2.8-Liter-Commodore-Motor, wirkungsvoll untermalt von den Schockfarben der Saison.

So entsteht Anfang der 50er in Eisenach der erste Wartburg 311 auf Basis des 1940 vorgestellten DKW F9. Und in Zwickau startet die Serienproduktion des AWZ P70, dem Vorläufer des späteren Trabant. Außergewöhnlich ist der Einsatz der ersten „Duroplast“-Karosserieteile aus einem gepressten und kostengünstig herzustellenden Kunststoffmaterial, das die Produktion unabhängiger von reglementierten Stahleinfuhren in die DDR macht. Dennoch verhindert die Planwirtschaft von Anfang an, dass die Nachfrage der Bevölkerung mit ausreichenden Stückzahlen gedeckt werden kann.

Wesentlich rasanter entwickelt sich zu dieser Zeit die Technik im marktwirtschaftlichen System Westdeutschlands. Nach einer ersten Welle von Kleinstwagen à la BMW Isetta, Fend-Kabinenroller, Victoria Spatz, Gutbrod Superior und Zündapp Janus sorgt der VW Käfer für die Motorisierung der Massen. Darüber rangieren

Kampf in der Steilkurve: Unterwegs im NSU Prinz bei der Internationalen Rallye Avus 1965.

Opel Olympia und Olympia Rekord, Ford Taunus sowie die Mercedes-Modelle 170 und 180. Nicht zu vergessen die Luxus-Autos der Nation, mit denen man in der jungen Bundesrepublik zeigen konnte, dass man es geschafft hatte: Opel Kapitän und Mercedes 220 S. Den jungen Günther Irmscher lockt das automobile Angebot im Westen. Noch 1955 flüchtet er – unterstützt vom Vater und gegen die Einwände der Mutter – über Berlin in den Westen und landet im Auffanglager Böblingen. Den jungen Günther zieht es in den Süden. Wenn schon Ortswechsel, dann in eine Region, in der das Wetter „möglichst warm und schön" sein soll, zumindest im Sommer. Schnell findet er in Böblingen Aufnahme in einer Familie, unweit von Mercedes-Benz und dem noch jungen Sportwagen-Hersteller Porsche.

MEISTERPRÜFUNG UND TÄNZE

Während er beim Tanz seine spätere Lebenspartnerin Elfriede findet, feilt er konsequent an seiner Karriere. 1961 besteht er zunächst die Meisterprüfung im Kraftfahrzeughandwerk. Damit ist der Grundstein gelegt. Doch Günther Irmscher will mehr und beginnt ein Maschinenbau-Studium in Essen, das er durch Jobs als Taxi- und Busfahrer finanziert. Seine Konstrukteursfähigkeiten hatte Günther Irmscher bereits vor seinem Wechsel nach Westdeutschland und schon im Alter von 16 Jahren mit dem Aufbau eines Motorrads aus Spezialteilen für Showfahrten auf Messen und Jahrmärkten unter Beweis gestellt.

Im Zentrum steht Mitte der 60er Jahre aber sein erster Job bei ARAL. Das Mineralölunternehmen stellt ihn als Verbindungsingenieur zur Automobilindustrie in Stuttgart ein, die sichere Basis für seine Existenz. Mit Fachvorträgen zu Hochleistungs-Schmierstoffen erwirbt er sich schnell einen guten Namen und macht aus seiner Begeisterung für den Motorsport keinen Hehl. Es ist die Zeit, in der für die breite Öffentlichkeit unerschwingliche Fahrzeuge Furore machen, darunter der aufregende Mercedes 300 SL mit den futuristischen Flügeltüren und der neuentwickelten Benzineinspritzung von Bosch oder der legendäre BMW 507. High-End-Produkte, die jeder gerne hätte – die sich aber kaum jemand leisten kann.

HIGH-TECH UND BREITENSPORT

Obwohl ebenfalls von High-Tech begeistert, reizt Günther Irmscher der Breitensport: Motorsport und Leistungssteigerung, die sich jeder leisten kann. Er will aber auch selbst dabei sein und hinter dem Lenkrad getunter Autos aktiv Wettbewerbe bestreiten. Jetzt, Anfang der 60er Jahre, spricht er immer wieder von Teilnahmen an Motorsport-Veranstaltungen und baut Fahrzeuge entsprechend um. Seine bisherige Heimat im Osten wird inzwischen durch Mauer und Grenzzaun hermetisch abgeriegelt.

Inspiriert wird er bei seinen Motorsport-Ambitionen von den technischen Möglichkeiten in der neuen Heimat. Der Karosseriebetrieb mit Lackiererei der späteren Schwiegereltern in Winnenden bietet eine gute Arbeitsbasis. Die Eltern von Freundin Elfriede sind begeistert von den technischen Fähigkeiten des jungen Günther. Nicht selten baut er nach Feierabend an seinen Autos, meistens NSU. Der Prinz hat sich in der Szene bereits einen guten Ruf erworben, da er preiswert und leistungsfähig ist und sich gut „tunen" lässt.

Links: Mit Beifahrer Harald Andersen gelingt Günther Irmscher sr. der Gesamtsieg bei der Tour d'Europe 1967.

Rechts: Gut gelaunt: Günther Irmscher bei einem Bergrennen Anfang der 70er Jahre.

Unter diesem Begriff ist das Frisieren damals natürlich nicht geläufig. Bei seinen „technischen Friseurarbeiten" versucht Günther Irmscher behutsam vorzugehen, außerdem ist die Rennerei im Haushalt der Schwiegereltern gar nicht gern gesehen. Zu groß ist die Sorge, dass etwas passieren könnte.

PRINZEN UND KADETTEN

Aber er bleibt dabei – und nicht unbeachtet. Nachdem sein erster Sportauftritt noch auf Renault Anfang der 60er sich nur regional herumgesprochen hat, ist ihm klar, dass er für größeren sportlichen Erfolg das passende Gerät benötigt. Der NSU Prinz bietet beste Voraussetzungen: Er ist preiswert, mit 30 PS aus 600 Kubikzentimetern Hubraum relativ flink und bietet mit seinem leicht ausbaufähigen Heckmotor gute Voraussetzungen. Da die Mittel in den Anfangsjahren noch knapp sind, lässt sich Günther Irmscher einiges einfallen.

Und er ist erfinderisch. Die Wettbewerbsautos werden inzwischen im Verborgenen vorbereitet und nicht mehr mit Getöse auf der Straße vor dem Haus der Schwiegereltern gestartet, sondern eine Straße weiter. Günther Irmscher jr. erinnert sich: „Mein Vater wollte so die Situation etwas entspannen, vor allem bei den etwas ängstlichen Großeltern. Aber die Leute im Ort bekamen das natürlich mit und sprachen auch darüber. Schnell war klar, dass man meinem Vater diese Begeisterung nicht einfach ausreden konnte." Die Testfahrten fanden dann sowohl auf der bekannten Solitude-Rennstrecke bei Stuttgart als auch auf bergigen Straßen im Remstal statt.

1963 – bei NSU in Neckarsulm arbeitet man fieberhaft an der Vorstellung des Wankel-Spider, des ersten Serienfahrzeugs mit Kreiskolbenmotor – baut Irmscher aus zwei Gebrauchtwagen ein erstes Rallyefahrzeug auf. „Es war eine Konservendose, die man nur mit dem Schuhanzieher besteigen und mit einem Dosenöffner verlassen konnte", sagte er 1993 aus Anlass des 25-jährigen Firmenbestehens.

G. Irmscher – deutscher Tourenwagenmeister

Ein großer Erfolg des Winnender ADAC-Sportfahrers

Mit Abschluß der letztjährigen Motorsportsaison errang der Sportfahrer Günter Irmscher vom ADAC-Ortsklub Winnenden den Titel des Deutschen Tourenwagenmeisters 1965. Auf seinem schnellen NSU-Sport-Prinz holte Irmscher bei Teilnahme an 13 Veranstaltungen 10 Klassensiege und einen Gesamtsieg. Allerdings sah es zu Beginn der abgelaufenen Saison recht wenig danach aus, als würde Irmscher das von ihm gesteckte Ziel — 1965 die Tourenwagenmeisterschaft zu gewinnen — erreichen, denn nach 6 Veranstaltungen hatte er nur 2 Klassensiege. Erst als die Weinrallye als 7. Meisterschaftsveranstaltung gefahren war und Irmscher nun als einziger Fahrer 3 vollwertige Klassensiege hatte, ergab sich eine hauchdünne Chance: Wenn er nämlich die restlichen 3 Meisterschaftsläufe als Klassensieger beenden würde, wäre er Meister, denn es zählen nur die 6 besten Veranstaltungen eines jeden Fahrers, und mehr als 6 Klassensiege konnte keiner mehr erringen. Und was nach den bisherigen Veranstaltungen zumindest unwahrscheinlich war, gelang: Günter Irmscher wurde in 4 aufeinanderfolgenden Läufen Klassensieger, wonach seine Meisterschaft feststand.

Der 28 Jahre alte Kfz-Ingenieur Irmscher fuhr schon im Jahre 1961 und im darauffolgenden Jahr je zwei Veranstaltungen. Erst im Jahre 1963 nahm er an mehreren Veranstaltungen teil. Obwohl die Erfolge nicht allzu ermutigend waren, setzte er sich im darauffolgenden Jahre — 1964 — ein Ziel: den ONS-Pokal für Ausweisfahrer (eine Auszeichnung für den erfolgreichsten Nachwuchsfahrer bei Rallyes, die Ende jeden Jahres verliehen wird) zu erhalten. Und was vielen als ein wenig unglaubhaft erschien, gelang! Als bester Ausweisfahrer der Saison erhielt Günter Irmscher den ONS-Pokal verliehen!

Dem jungen und erfolgreichen Rallyefahrer wurden für diese Erfolge von der Stadt Winnenden ein Ehrenbuchpreis mit persönlicher Widmung von Bürgermeister Schwab (worin der Stolz der Stadt auf diesen Fahrer zum Ausdruck kam) verliehen, außerdem wurden dem Deutschen Meister zahlreiche Gratulationen von seiten des ADAC übermittelt. Irmscher wohnt seit vier Jahren in Winnenden und ist trotz seinem Sportfahrerhobby seinen zwei niedlichen Kindern und seiner Frau ein treusorgendes Familienoberhaupt. Auch steht heute schon fest, daß Irmscher in dieser Saison seinen Sport weiterbetreibt, und der nächste Schritt wäre somit die Rallyemeisterschaft. Ob ihm das gelingt — warten wir ab und wünschen ihm weiterhin guten Erfolg. roge

Triumph: Bei der Tour d'Europe 1967 holt Günther Irmscher mit seinem Co-Piloten Harald Andersen auf einem NSU TT den Gesamtsieg.

1964 erringt er mit den Co-Piloten Horst Bluhm und Jürgen Illig ungefährdet den ONS-Pokal für Ausweisfahrer. 1965 folgt die Deutsche Tourenwagen-Meisterschaft im Kreise der Spitzenfahrer, in der er letztlich – noch immer auf seinem Prinz II – siegt. Der Verkauf des siegreichen Prinzen ermöglicht 1967 Kauf und Aufbau eines NSU TT. Mit ihm erkämpft er im selben Jahr, unterstützt von Co-Pilot Harald Andersen, den Sieg bei der Tour d'Europe. 26 Minuten liegt das Team Irmscher/Andersen vor dem Nächstplatzierten!

In dieser Zeit – Mitte bis Ende der 60er Jahre – hat NSU die jungen Sportfahrer als Kunden entdeckt und stellt nach dem Prinz 1000 den ersten NSU TT mit 1,1-Liter-Vierzylinder und 55 PS aus dem Prinz Typ 110 vor. Damit bietet NSU ein preiswertes Auto für den Breitensport. Jeder Sporterfolg wird der Motorpresse umgehend mitgeteilt und damit regelmäßig auf das Unternehmen hingewiesen, wie die folgende Pressemitteilung aus dem Jahre 1965 zeigt:

Die Firma dankt: 1965 veröffentlicht NSU ein Dankschreiben für den Sieg bei der Deutschen Tourenwagen-Meisterschaft 1965.

NSU INFORMIERT – ZWEI DEUTSCHE AUTOMOBILMEISTER: PRIVATFAHRER AUF NSU

Die Sportfahrer Siegfried Spiess auf NSU Prinz 1000 und Günther Irmscher auf 600 ccm NSU Prinz setzten sich in diesem Jahre nach spannenden Einzelkämpfen vor die Elite der großvolumigen Konkurrenz: Günther Irmscher gewinnt seine Meisterschaft mit 8 Pokalsiegen und einem Gesamtsieg bei internationalen Rallyes im In- und Ausland.

Doch nicht genug damit: Ende des Jahres dankt NSU dann nochmals mit einer speziellen Anzeige der gesamten Belegschaft. Bis in die 70er Jahre entwickelt das Neckarsulmer Unternehmen das Sportmodell TT regelmäßig weiter und erhöht stufenweise die Leistung auf 65 PS und später auf 70 PS (TTS) aus 1,2 Litern Hubraum – bei einem Leergewicht von noch nicht einmal 650 Kilo eine echte kleine Rakete, die sich im Wettbewerb hervorragend schlägt.

Auf in ferne Länder: Der NSU Prinz auf der Tour d'Europe 1967 bei der Afrika-Passage.

Schnell spricht sich Irmschers Erfolg herum. Ob Prinz II, 1000, Typ 110, TT oder TTS: Interessierten Kunden bietet er bald für jeden Typ Leistungssteigerungen und Gesamtfahrzeug-Umbauten an. Mit einigen Kunstgriffen kitzelt er – inzwischen in der Doppelgarage des Wohnhauses in Winnenden – bis zu 100 PS aus dem modern konstruierten Vierzylinder. Befeuert von den Klängen des Kofferradios – man hört „17 Jahr', blondes Haar" von Udo Jürgens, „Yesterday Man" von Chris Andrews und „Er ist wieder da" von Marion März – werden Kundenautos versiert zu Höchstleistungen gebracht.

Das klassische Motor-Tuning umfasst größere Ventile, polierte Kanäle, schärfere Nockenwellen und größere Vergaser. „Es handelte sich noch um die gute alte analoge Zeit", sagt Günther Irmscher jr.: „Wer mehr Leistung wollte, musste an die Hardware ran." Irmscher, der heute das Unternehmen lenkt, ist Jahrgang 1972 und kennt die Phase aus zahlreichen Erzählungen seiner Eltern und früher Weggefährten.

Starkes Team: Günther und Elfriede Irmscher heiraten 1962. Von den vier gemeinsamen Kindern sind heute noch drei im Unternehmen aktiv.

In dieser Zeit des Aufbaus werden auch die Töchter geboren: Angelika 1962, Birgit 1965 und Iris 1969. Elfriede Irmscher hält ihrem Mann stets den Rücken frei, damit er das Unternehmen aufbauen kann. Günther juniors Schwestern Birgit und Iris sind mit ihm heute noch in der Firma aktiv und unterstreichen den familiären Charakter des Unternehmens.

ABORDNUNG AUS RÜSSELSHEIM

Von den sportlichen Erfolgen Irmschers auf den Plan gerufen, meldet sich eine Abordnung von Opel in Rüsselsheim bereits 1967, an der Spitze Sportchef Treufried Peter Preikschat. Die Mission ist delikat. Obwohl auf dem Markt sehr erfolgreich und fest auf die Nummer-2-Position hinter Volkswagen abonniert, leidet Opel noch immer unter einem „staubigen" Image. Motorsport-Aktivitäten allerdings lässt General Motors für seine Rüsselsheimer Tochter nicht zu. Zu gefährlich seien solche Aktivitäten, und man wolle nicht mit Unfällen in Sportfahrzeugen ins Gerede kommen. Aus diesem Grund hält sich auch GM in den USA mit derlei Maßnahmen sehr zurück.

Allerdings hat Opel eine ganze Palette neuer Modelle in der Entwicklung. Mit Rallye-Kadett, GT, Commodore und Rekord Sprint soll der Image-Umschwung gelingen. Aber bereits vor deren Einführung plant der Bereich Sportförderung – ohne offiziellen GM-Auftrag –, den Breitensport auf Opel-Fahrzeugen zu befeuern. So sucht man einen kundigen Partner, da Opel in der aktuellen Situation nicht direkt auftreten kann, solange der Mutterkonzern dies nicht zulässt.

Dieser junge Ingenieur Günther Irmscher mit seinem motorsportlichen Geschick scheint der Richtige für den Auftrag zu sein.

Erster Aufschlag: Zur Tour d'Europe 1968 tritt Günther Irmscher erstmals selbst auf einem Opel Rallye-Kadett an, nachdem er bereits seit 1966 auf NSU Prinz dabei war.

Lange schon hat man in Rüsselsheim seine Erfolge in der Rallye- und Rennszene seit dem Sieg bei der Deutschen Tourenwagen-Meisterschaft '65 sowie der Tour d'Europe 1967 aufmerksam beobachtet. Der Erfolg der preiswerten und flinken NSU TT/TTS führt schnell zur Überlegung, das kleinste Opel-Modell, den Kadett, zu einem Fahrzeug zu entwickeln, mit dem sich sportlich ambitionierte Privatiers auch im Motorsport sehen lassen können.

Im Gegensatz zu NSU hat Opel eine Karosserie-Variante im Programm, die sportlich orientierte Kunden schon äußerlich begeistert. Das im Herbst 1965 vorgestellte Fastback-Coupé mit angedeuteten „Kiemen" an der C-Säule erinnert entfernt an den Ford Mustang Fastback, der gerade in den USA der Verkaufsschlager ist. Impulsgebender Designer für das pfiffige Kadett Coupé ist übrigens der junge Hans Seer, der später Direktor des Rüsselsheimer Design-Centers wird.

Heimlich, still und leise bereitet man also in Rüsselsheim ein sportliches Coupé vor. Als Antrieb dient ein 1,1 Liter großer OHV-Motor mit zwei Vergasern und einer Leistung von 60 PS. Die Opel-Versuchsingenieure Hans Beck und Herbert Heuser gewinnen mit dem „im stillen Kämmerlein der PEK-Rüsselsheim" (so heißt das Opel-Entwicklungszentrum in jenen Jahren, wobei die Buchstaben für „Produkt-Entwicklung-Konstruktion" stehen) die Tour d'Europe 1966. Das ist der Start der Sportkarriere des Kadett, den ab 1968 auch Günther Irmscher pilotiert. Er übernimmt nun zudem die technische Vorbereitung des Fahrzeugs. Mittlerweile ist er so bekannt geworden, dass er sich nach der Eröffnung der eigenen Firma im Mai 1968 über einen Mangel an Kundschaft nicht beklagen kann.

ÜBERZEUGUNGSARBEIT IM TEAM

Doch die Idee, künftig verstärkt für Opel zu arbeiten, muss Günther Irmscher seinen jungen Mitarbeitern erst noch „verkaufen". Denn Opel steht zwar für Erfolg und große Stückzahlen, nicht aber für sportliche Autos. Im Gegenteil: Der Klassiker Rekord, damals das Volumenmodell in Rüsselsheim, gilt als komfortables Mittelklassemodell für Käufer ohne größere Leistungsansprüche. Bis Herbst 1965 befeuern obendrein noch die guten alten OHV-Vier- und Sechszylinder mit Stirnradsteuerung die Modelle Rekord und Kapitän. Erst die neue Generation von kurzhubigen CiH-Motoren bietet nun erstmals eine obenliegende Nockenwelle mit Steuerkette.

Der 1962 vorgestellte Kadett-Motor folgt zwar noch der klassischen OHV-Bauweise, gilt aber mit seiner relativ hoch liegenden Nockenwelle als vergleichsweise drehfreudig. Mit diesem Triebwerk erkämpft Opel immerhin den ersten Erfolg bei der Tour d'Europe. Sportlich ab Werk wird der Rallye-Kadett spätestens 1967 mit dem 90 PS starken 1900 S-Motor.

Irmscher nutzt diese Argumente geschickt, um sein kleines Team zu überzeugen. Opel sei „kein lahmer Esel mehr". Durch gezielte Maßnahmen lasse sich auch die als unverwüstlich geltende Rüsselsheimer Hausmannskost schmackhaft aufbereiten, ist die einhellige Meinung von Silvio Carenini und Hartmut Lämmle heute: „So war es für uns schon interessant, dem soliden Esel aus Rüsselsheim Beine zu machen und damit zu einem sportlicheren Image der Marke beizutragen."

Dazu kommen die Unsicherheiten über die Zukunft der Marke NSU. Während Opel als großer Hersteller äußerst profitabel ist,

Frühe Jahre: So sah es in den ersten Jahren in Irmschers Werkstatt aus – eine bunte Mischung aus Werkswagen und Kundenautos.

arbeitet NSU eher knapp über „Break even". Und da es sich bei Opel um eine Volumenmarke handelt, würden sich wohl auch breitere Kundenschichten erreichen lassen. Ein weiteres wesentliches Argument, für Opel aktiv zu werden. So entsteht bei Irmscher schnell die nächste Idee: Der 1,9-Liter-106-PS-Motor aus dem Rekord Sprint soll in den Rallye-Kadett: Der Rallye-Kadett Sprint ist geboren; und zwar lange bevor der erste VW Golf GTI mit ähnlicher Leistung auf den Markt kommt.

Unterirdisch: Unter Irmschers Wohnhaus ist der „Arbeitsplatz für mechanische Bearbeitung". Hier bekommen Motorenteile ihren letzten Schliff, wie die auf dem Tisch im Vordergrund liegenden Saugrohre.

KOPFARBEIT IN DER POWER-GARAGE

So schmiedet Günther Irmscher ein passioniertes Team zusammen, das in erster Linie Motoren und Zylinderköpfe auf der Suche nach zusätzlicher Leistung optimiert. Aber auch Fahrwerke und Rallye-Ausstattungen sowie die Vorbereitung von Motorsportfahrzeugen sind bereits zu dieser Zeit Bestandteile des Irmscher-Leistungsumfangs.

Zur passgenauen Bearbeitung der Triebwerke ersteht Günther Irmscher eine Fräsmaschine aus dem Jahre 1928. „Die war zwar schon damals alt, aber ungeheuer präzise", erinnern sich Lämmle und Carenini. Aufwändig gerät die Installation des Apparats. Das Prachtstück ist nicht nur schwer, sondern auch hoch – zu hoch für die Werkstatt. Auch in diesem Fall finden die Irmscher-Leute eine pfiffige Lösung: Kurzerhand hebt die Crew eine Grube aus und installiert die Maschine gleichsam im Souterrain. Einige 100 Zylinderköpfe im Jahr werden nun bearbeitet, auch für Prinz-Motoren. Irmscher will die NSU-Stammkundschaft nicht verprellen und bietet für sie weiterhin Tuning und Optimierung an.

„Arbeiten bei Irmscher war wie in einem Start-Up-Unternehmen", erinnert sich Hartmut Lämmle. „Für mich", sagt Silvio Carenini, „war es eine komplett neue Aufgabenstellung und ein Abenteuer. Zwar arbeitete ich bei einem Betrieb für Ferrari und Lamborghini. Aber über Service- und Ölwechsel-Tätigkeiten kam ich kaum hinaus." Die Arbeit bei Irmscher sei im Gegensatz dazu eine Herausforderung gewesen und die Leute hätten wirklich zeigen können, was in ihnen steckte.

Opel wird nun immer wichtiger für die Firma. Pro Jahr betreut das Team bis zu 100 Kundenfahrzeuge. Dauernd ist die Mannschaft auf

Ganzer Einsatz: Hemdsärmeliges Schrauben unter freiem Himmel – wie hier anlässlich des Schauinsland-Bergrennens Anfang der 70er Jahre – ist ganz normaler Rennfahreralltag jener Zeit.

Basisarbeit: Irmscher unterstützt private Teilnehmer, die mit viel Enthusiasmus auf eigene Rechnung Motorsport betreiben.

Ratschläge: Fahrer Dieter Nakaten (links) mit prüfenden Blicken auf die Arbeiten an seinem rot-schwarzen Commodore A anlässlich des Opel-Markenrennens 1971.

der Suche nach Mitteln, mit denen sich den braven Opel-Maschinen noch ein paar möglichst standfeste PS mehr entlocken lassen. „Bereits durch die erste Kooperation konnten wir direkt im Opel-Werk Kaiserslautern Motoren abholen, die dann in Winnenden behandelt wurden“, erinnert sich Lämmle. Nach Abschluss des ersten offiziellen Kooperationsvertrags mit Opel wird die Zusammenarbeit enger und der Zugang zu Komponenten einfacher.

Neben der klassischen Bearbeitung der Zylinderköpfe experimentiert man in Irmschers „Power-Garage“ auch mit neuen Komponenten: „Wir gaben Nockenwellen mit verschiedenen Profilen in Auftrag und testeten den Einfluss auf die Leistung“, berichtet Carenini. Auch das 1967 vorgestellte Rekord-Sprint-Triebwerk, das mit einem Weber-Register-Doppelvergaser bereits 106 statt der regulären 90 PS leistet, bleibt von Untersuchungen zur weiteren Leistungssteigerung nicht verschont. Dank eines bearbeiteten

Typisches Bild bei einem Markenrennen – hier am Nürburgring am Ende der Start-Ziel-Geraden vor der Einfahrt in die Südkehre.

Zylinderkopfs, größerer Ventile und viel Feinarbeit kommt der in der Opel-Terminologie „19 SH“ genannte Motor im ersten Schritt auf rund 125 PS. Nach Experimenten mit weiteren Nockenwellen-Profilen werden auch deutlich höhere Leistungen möglich.

Doch eins hemmt immer noch den letzten Kick: Die Opel-Motoren, auch die neuen mit der obenliegenden Nockenwelle, sind in klassischer Manier mit Ein- und Auslasskanälen auf derselben Seite konstruiert. Der Gegenstrom-Zylinderkopf aber hat eigentlich längst ausgedient. So entsteht bei Opel die Idee, einen Querstrom-Zylinderkopf zu entwickeln, der einen deutlich besseren und schnelleren Gaswechsel ermöglichen soll. Die Tatsache, dass auch Konkurrent Ford in Köln an einem Querstrom-Kopf arbeitet, heizt die Überlegungen noch an. Weil die neue Technik aber zunächst nur im Motorsport eingesetzt werden soll, gibt Opel das Projekt gleich an Irmscher weiter.

VOM DACH ZUR KUGEL

„Am Anfang übernahmen wir die dachförmige Brennraum-Form der Opel Entwicklung“, berichten Lämmle und Carenini. Doch mit diesem Layout bleiben die Möglichkeiten begrenzt. Der Zylinderkopf soll also komplett neu konstruiert werden. Vorbild sind die halbkugelförmigen Brennräume des erfolgreichen Alfa-Vierzylinders.

So baut Irmscher eine Weiterentwicklung mit hemisphärischen Brennräumen. Dieser legendäre Querstrom-Motor soll dann in die Geschichte eingehen – auch wenn noch viele Weiterentwicklungen nötig sind. Die Basis für den Erfolg aber ist geschaffen – deutlich höhere Leistungs- und Drehmomentwerte und PS-Zahlen bis 215 sind plötzlich drin. Mit Motoren dieser Bauart werden Dr. Helmut Mander 1971 Vize-Bergmeister und Walter Röhrl 1973 Vize- und im Jahr darauf Rallye Europameister; Lars Carlsson sichert sich die Deutsche Rallye-Meisterschaft 1974. Schnellere Gaswechsel und der bessere Füllungsgrad sind für die enorme Leistungssteigerung verantwortlich. Dazu kommen immer wieder kleinere Tricks und Kniffe, die sich Irmschers „Motoren-Doktoren“ einfallen lassen.

Quertreiber: Irmscher-Commodore im Drifteinsatz bei Markenrennen Anfang der 70er Jahre.

Mit Köpfchen entwickelt: Irmscher verfeinert den Opel-Querstrommotor.

„MOTORSPORT-SPIONE“

Die „Spione“ der jungen Opel-Sportförderung fahnden bei ihrer Talentsuche sowohl nach Kandidaten, die Motorsport-Teams im Auftrag des Herstellers steuern können, als auch nach fähigen Fahrern. Irmscher soll sich eigentlich in erster Linie um Fahrzeuge und Einsatzleitung kümmern, sitzt aber bis 1970 auch immer wieder selbst bei Motorsport-Veranstaltungen am Steuer von Opel-Rennern.

Tatsächlich holt sich der zu diesem Zeitpunkt schnellste Kadett bereits vor seinem Großserien-Debüt sportlichen Lorbeer in großen Rallye-Läufen wie der Tour d’Europe 1966. Es ist die Ouvertüre für eine bis dahin beispiellose Motorsportkarriere in der Kompaktklasse: Bei insgesamt 238 Veranstaltungen im Jahr 1968 holen Rallye-Kadetts 222 Klassensiege. Und da hat Irmscher teilweise schon seine Finger mit im Spiel.

Ab 1968 nimmt er auf einem selbst präparierten Rallye-Kadett 1100 an der Tour d’Europe teil. 1969 kommen er und Andersen in ihrer Klasse als Vierte ins Ziel, aber Sieger ist jener Rallye-Kadett mit dem 1900er-CiH-Triebwerk, das er für das Team Hans Vogt und Kurt Waldner aufgebaut hat. Über rund 15.000 Kilometer stellt das von ihm präparierte Aggregat seine Standfestigkeit eindrucksvoll unter Beweis.

Das Magazin *rallye racing* widmet diesem Erfolg einen Fahrbericht: „Bei der Vorbereitung des Wagens wurde allerdings in erster Linie Wert auf die Standfestigkeit gelegt und Höchstleistung zweitrangig behandelt. Dazu kommt, dass der Tour-d’Europe-Kadett in seiner Mechanik der Gruppe 2 entsprach, weil man – eben zugunsten der Standfestigkeit – auf Experimente verzichtete und auf die vorhandenen Erfahrungen zurückgreifen wollte. Außerdem wog der Tour-d’Europe-Kadett aufgetankt rund zwei Zentner mehr als ein serienmäßiger Kadett. Die reine Leistung ist also nicht überwältigend. Aber im praktischen Fahrbetrieb zeigt sich der Tour-d’Europe wesentlich spritziger als der serienmäßige Rallye-Kadett 1,9 – nicht zuletzt wohl wegen der kürzeren Achsübersetzung.“

Auch 1970 ist er mit von der Partie und steht zunächst als Sieger fest – bis zu einem Protest, bei dem ihm der Titel wieder aberkannt wird. Er habe eine Zeitkontrolle nicht angefahren, befinden die Sportkommissare. Proteste verhallen ohne Reaktion, und Irmscher verzichtet später auf die Teilnahme als Fahrer.

1970 kommt der erste offizielle Kooperationsvertrag mit Opel zustande. Er erlaubt den Aufbau professioneller Teams unter dem Irmscher-Signet und mit diskreter Opel-Unterstützung. Das ist der nach wie vor von GM verordneten Zurückhaltung gegenüber der Öffentlichkeit geschuldet, wenn es um den Werkseinsatz geht. Kurt Waldner gewinnt insgesamt vier Mal die Tour d’Europe und macht Opel mit Irmscher damit zum Seriensieger

Da ist die Firma Irmscher Tuning GmbH bereits im zweiten Jahr nach der Gründung 1968. Günther Irmscher sr. hat sich endgültig entschlossen, das Hobby zum Hauptberuf zu machen. Und er wird das nicht bereuen. Das für die Firmengründung erforderliche Kapital erwirtschaftet er übrigens mit dem Verkauf seines ersten Wettbewerbs-Kadetts.

Aufmacher: Das Fachmagazin *auto revue* berichtet in der Dezember-Ausgabe 1969. Anlass ist der Sieg bei der Tour d’Europe von Kurt Waldner auf einem von Irmscher präparierten Opel Kadett.

SPORT-REPORT | TOUR D'EUROPE 70

Das Teilnehmerfeld startete am 24. September in Erbach, um über 6 Etappen und eine Streckenlänge von ca. 14 500 km das Ziel in Travemünde anzusteuern. Hier wurde das erste Fahrzeug am 9. Oktober etwa um 22 Uhr erwartet. Daß die Streckenführung Besatzung und Wagen das Letzte abverlangte, läßt sich schon an dem Prädikat erkennen, das dieser Veranstaltung von einigen Teilnehmern verliehen wurde: Tour der Leiden.

Die 6 Etappen erstreckten sich von Erbach bis Igoumenitzsa, dann bis Tunis, Agadir, Lissabon, Montpellier und Travemünde. Gleich der erste Teilabschnitt lieferte mit 3 046 Kilometern die in einer Idealzeit von 46 Stunden zu durchfahren waren, den richtigen Eindruck von den kommenden Ereignissen für die Teilnehmer. So wundert es kaum, daß sich einige Fahrer die Hände bandagieren mußten, um überhaupt noch das Lenkrad anfassen zu können, wenn die vom Veranstalter genannte Zahl von insgesamt etwa 80 000 Kurven in Betracht gezogen wird. Auch die Beschaffenheit der Straßen scheint bereits auf europäischem Boden die Grenze des Erträglichen zu erreichen. Welche Extreme hier auf die Teilnehmer warteten, zeigt ein Auszug aus den Informationen des Veranstalters, des ADAC Gau Niedersachsen, dessen Fahrtleiter die Gesamtstrecke vor der Veranstaltung ausgewählt, begutachtet und abgefahren war. „Von Kilometer 130 bis 163 wird eine Makadam-Straße befahren, die sich zuerst in gutem, dann allerdings in sehr schlechtem Zustand befindet. Achtung! Dieser Fahrtabschnitt hat in den Bergen einige ungewöhnlich gefährliche Kurven. Vor der gefährlichsten steht ein Stop-Schild. Beachten Sie bitte unbedingt dieses Verkehrszeichen und fahren Sie im Schrittempo um diese Kurve, da Sie sonst unweigerlich verunfallen.“

Die von Algier nach Agadir führende große Wüstenetappe über 1285 Kilometer dürfte ebenfalls so manchem Piloten hart zugesetzt haben, vor allem wurden hier die Motoren ungewöhnlichen Belastungsproben unterzogen, da hohe Geschwindigkeiten gefahren werden mußten und das bei flimmernder Hitze.

Irmscher/Andersen, die Tour d'Europe-Sieger von 1967 kristallisierten sich sehr bald als das führende Team heraus. Nachdem sie auch die vorletzte Etappe mit ihrem Rallye Kadett 1900 und deutlichem Vorsprung beendet hatten, war an ihrem Start-Ziel-Sieg fast nicht mehr zu zweifeln. In der letzten Etappe jedoch, nach einer Führungsposition über 14 000 Kilometer verpaßten sie in Arnhem/Holland eine Durchfahrtskontrolle und handelten sich 500 km vor dem Ziel noch 30 Strafpunkte ein. Damit war der Traum vom Gesamtsieg zuende, wenn auch ein zweiter Platz und der Klassensieg die hervorragende Leistung dieses Teams genug unterstreichen. Günther Irmscher hat in dieser Angelegenheit einen Protest eingelegt, über den bei Redaktionsschluß noch nicht endgültig entschieden war.

Neben Irmscher/Andersen plazierten sich zwei weitere Opel-Teams unter den ersten Zehn des Gesamtklassements: Hans Beck/Bodo Grafenhorst mit einem Rallye Kadett 1100 (8. Platz) und Willi Ter Wint/Alfred Spork auf Commodore (9. Platz). Von 52 Startern erreichten 32 in Wertung das Ziel Travemünde.

kpb

In allen Einzelheiten: Die *Opel-Post* bringt einen detaillierten Vorbericht zur Tour d’Europe 1970.

Meisterhaft: Günther Irmscher sr. vor dem von ihm präparierten Tour d'Europe-Kadett des Jahres 1970.

MOTORTUNING UND STEIGENDE KUNDENZAHL

Sprunghaft wächst nun die Kundenzahl. Bei Gründung der GmbH hat Partner Opel bereits einige „heiße" Werksmodelle im Lieferprogramm, die sich erstklassig als Basisfahrzeuge für den Motorsport nutzen lassen, darunter den Rekord Sprint mit 106 PS aus einem 1,9-Liter-Vierzylinder mit Weber-Doppelvergaser, den Rallye-Kadett und den zweisitzigen GT, beide mit 90 PS, sowie den brandneuen Commodore GS, der 130 PS aus einem 2,5-Liter-Sechszylinder mit Solex-Doppelvergaser entwickelt. Später wird Opel diesem Modell noch einen 145 PS starken 2,8-Liter-Motor mit Doppelvergaser – eine Leihgabe des Admiral – als Basismodell für den Wettbewerb zur Seite stellen.

Immer häufiger wendet sich Opel an Irmscher, um Motoren und Fahrzeuge dort vorbereiten zu lassen. Dabei spricht sich der Erfolg des jungen Unternehmens schnell herum und lockt weitere Kunden an. „Der Start und die Entwicklung des Unternehmens waren und sind eine richtige Erfolgsgeschichte", sagt Günther Irmscher jr. heute. „Mein Vater war nicht nur motorsportbegeistert, sondern er hatte auch den richtigen Riecher, um zu erkennen, was die Kunden zu jener Zeit wollen."

In der Firma hilft die ganze Familie mit. Alles wird selbst gemacht: vom Katalog bis zur Lohnbuchhaltung. Ehefrau Elfriede kümmert sich um Papierkram und Organisation ebenso wie um ausgeglichene Stimmung im Unternehmen und bereitet Kunden und Geschäftspartnern stets einen herzlichen Empfang. Parallel will die junge Familie versorgt sein. In guter Erinnerung sind Günther Irmscher jr. die nächtlichen Diskussionsrunden in der Küche über das weitere Vorgehen mit der Opel-Administration. Während Opel-Sportführung und Vertreter des Bereichs Marketing angeregt mit Firmenchef Irmscher diskutieren, bereitet Elfriede bis weit nach Mitternacht Brote zur Stärkung vor. Bis spät in die Nacht stehen dann die Commodore, Admirale und Diplomaten mit Groß-Gerauer Kennzeichen vor dem Haus.

Die Doppelgarage der Familie wird ganz schnell zu klein. Die Irmschers schauen sich nach Alternativen um – und werden im Ort auch gleich fündig. Nur 500 Meter vom Wohnhaus entfernt sucht eine Agip-Tankstelle einen neuen Pächter. Sie ist leicht erreichbar, genießt bereits eine gewisse regionale Bekanntheit und bietet ideale Bedingungen als Anlaufstelle für Kunden, die ihrem Alltagsgefährt „Beine machen" wollen.

Dennoch bleibt die private Doppelgarage in Betrieb. Dort werden die Motoren im Kundenauftrag bearbeitet: Dazu gehören Hubraumerweiterungen, Montage größerer Ventile, die Bearbeitung von Ein- und Auslasskanälen sowie das Anpassen voluminöserer Vergaseranlagen aller Art. Bis spät in die Nacht wird dort gewerkelt. An diese erste Zeit kann sich der 1972 geborene Günther Irmscher jr. natürlich nicht erinnern, aber die Eltern haben immer wieder davon erzählt. Es habe großer Idealismus und enger Zusammenhalt geherrscht – „und die Küche der Irmschers war immer im Vollbetrieb".

Präsenz:
Schon früh erkennt Irmscher, wie wichtig die Präsenz auf Veranstaltungen und Messen ist. Hier können sich die Kunden von der Qualität der Produkte selbst überzeugen, wie zum Beispiel hier im Jahr 1969: Das Teileprogramm für den Commodore mit Verbreiterungen und Überrollbügel bilden einen Schwerpunkt auf dem Stand. Reifenhersteller Pirelli zeigt die aktuellen Produkte auf sportlichen Fuchsfelgen, die natürlich eher auf einem Porsche zu finden sind.

Schöne Aussichten:
Lars Carlssons Rallye Ascona A ist Blickfang auf zahlreichen Messen der frühen 70er Jahre.

Als die Essen Motorshow noch Jochen-Rindt-Show heißt: der Irmscher-Stand 1973 mit dem neuen Commodore GS/E und dem von Irmscher kreierten Manta SI.

Hoher Besuch: Der frischgebackene Formel-1-Weltmeister Jackie Steward besucht in jenem Jahr – 1973 – Irmscher.

Blickfang: Grün und gelb sind schon früh die Irmscher-Hausfarben. Kunden können auch für den Manta A aus einem reichhaltigen Tuning-Programm wählen.

POWER-TUNING IM STRASSEN-MANTA

Während aufwändige Neuentwicklungen wie der Querstrom-Kopf zunächst dem Profisport vorbehalten bleiben, geht die traditionelle Leistungssteigerung von Straßenfahrzeugen für Kunden mit Hochdruck weiter. Im Mittelpunkt stehen zunächst der 1,1 oder 1,2 Liter große OHV-Motor, für den das erste Gutachten erstellt wird, sowie der 1,9-Liter-CiH-Motor, der damals stärkste Serien-Vierzylinder aus dem Opel-Regal.

Große Aufmerksamkeit erregt 1971 der 1900er von Irmscher mit 122 PS. Geschmiedete Spezialkolben mit geringfügig größerer Bohrung sorgen für einen Hubraum von 1960 cm^3, das sind 63 cm^3 mehr als im Serienmotor. Dazu kommen ein bearbeiteter Zylinderkopf mit größeren Ventilen und höherer Verdichtung, polierte Kanäle, eine Spezialnockenwelle sowie härtere Ventilfedern. Die Gemischbildung übernimmt zunächst eine Solex- (ADDHE und DDH) und später eine Weber-Doppelvergaser-Anlage des Typs 40 DCOE mit eigens von Irmscher entwickelten Saugrohren. All diese Maßnahmen sorgen für eine Leistungssteigerung von 90 auf 122 PS, das sind satte 36 Prozent.

auto motor und sport testet unter dem Titel „Aufwind" in Ausgabe 19/1971 diesen Motor in Irmschers Opel Manta 19 SR. Gegenüber dem serienmäßigen 90-PS-Aggregat beschleunigt der 122-PS-Irmscher-Motor fast drei Sekunden schneller auf 100 km/h. Auch bei der Spitzengeschwindigkeit liegt der Irmscher-SR vorn: 188 statt 173 km/h. Besonders auffällig ist aber die Beschleunigung bis 140 km/h. Da nimmt er dem Standard-Aggregat fast acht Sekunden ab.

Kommunikations-Stütze: Opel berichtet in den Hausmedien für Händler und Mitarbeiter regelmäßig über die neuesten Kreationen aus Winnenden.

Ganz offiziell: Das Modell Black Magic legt Opel 1975 zum Finale der Produktion des Manta A auf – die Kunden können auf Wunsch Irmscher-Zubehör mitbestellen.

Der Irmscher-Manta spielt in einer ganz anderen Leistungsliga als der mit dem herkömmlichen 90-PS-Motor. Er bietet Fahrleistungen wie ein BMW 2002 tii mit 130 PS. Das schlägt sich im Preis nieder. Statt 10.317 Mark für den Manta 19 SR des Jahrgangs 1971 werden für den Irmscher-Manta 16.917 Mark fällig – allerdings inklusive Sportsitzen, Leichtmetallrädern und weiteren Zutaten aus Irmschers umfangreichen Katalog.

Der Motor alleine schlägt mit 3350 Mark zu Buche, angesichts der für damalige Verhältnisse bereits recht kompletten SR-Ausstattung eine preiswerte Alternative, die sich durch eine spezielle Sportauspuffanlage noch anreichern lässt. Damit steigt die Leistung um weitere 13 auf insgesamt 135 Pferdestärken. Dazu *ams*: „Dem Fan hilft freilich die Fahrfreude am frisierten Auto rasch, das Loch in der Brieftasche zu vergessen."

BILLY UND DIE LEGUANE

Erneut wird es der Firma zu eng im bisherigen Domizil. Bereits Anfang der 70er Jahre hat Günther Irmscher ein ehemaliges Steinwerk und eine angrenzende Gärtnerei gekauft – nur 250 Meter vom Wohnhaus entfernt. In den folgenden Jahren ziehen dort die Verwaltung und die Sportwerkstatt ein.

In seiner Freizeit erholt sich Vater Günther gern zu Hause. Freunde, Familie und Bekannte wissen, dass er sehr tierlieb ist und sich auch ungewöhnliche Haustiere hält: einen Weißbüschelaffen namens Billy, mehrere Hunde und Leguane sowie Wasserschildkröten. Irmschers Tierbegeisterung ist so groß, dass sein Wohnhaus später, Ende der 80er Jahre, einem kleinen Zoo ähnelt.

In der Nähe des ersten Werksgeländes in Winnenden lässt er in einem großzügigen Garten Teiche für Fische anlegen, denn er liebt auch Koi-Karpfen. Die Beschäftigung mit seinen Tieren und seiner Familie ist der Ruhepol für Günther Irmscher, wenn er sich von Werkstatt und Motorsport erholen will.

Refugium: In seiner Freizeit zieht sich Günther Irmscher gerne in den heimischen Garten zurück.

Vertriebs-Stätte: Anfang der 70er Jahre entsteht in Winnenden in einer umgebauten ehemaligen Gärtnerei der erste Irmscher-Händlerbetrieb mit Verkaufsraum. Die Aufnahme entstand in der zweiten Hälfte der Siebziger, als auf dem Hof einige neue Ascona B stehen. Der neue Mittelklasse-Opel wird Ende 1975 präsentiert.

Vom Start des Unternehmens weg legt Günther Irmscher immer größten Wert darauf, dass die ganze Familie mit einbezogen ist und über alles Bescheid weiß. Sohn und Töchter sind nicht nur bei wichtigen Entscheidungen, sondern oft auch an der Renn- oder Rallyestrecke mit dabei.

Der enge Kontakt zur Kundschaft, zweifellos mit ein Grund für den Erfolg, hat natürlich auch Nachteile. Das Telefon klingelt auch am Wochenende oder gar mitten in der Nacht. „Obwohl meine Eltern sicher den Kontakten nicht aus dem Weg gehen wollten, legten sie sich damals eine private Telefonnummer zu, um Ruhephasen zu haben", sagt Günther Irmscher jr. im Rückblick. Das ist der Preis für die stetig wachsende Popularität des Winnender Tuners.

Die seit den frühen 70er Jahren ständig steigenden Opel-Verkaufszahlen – 1972 ist Opel erstmals nach dem Krieg wieder Marktführer – befeuern also nachhaltig das Geschäft der Irmscher Tuning GmbH. Attraktive neue Opel-Modelle wie Manta, Ascona, Kadett C Coupé, das bis 1975 maximal mit 60 PS lieferbar ist, sowie die im Januar 1972 vorgestellte äußerst attraktive neue Rekord- und Commodore-Generation locken die Kunden an.

VERLÄNGERTE WERKBANK FÜR MEHR INDIVIDUALITÄT

Mitte der 70er Jahre sieht die Situation vielversprechend aus. Einerseits hat Opel eine relativ junge Produktpalette, andererseits spielt Motorsport nach wie vor eine große Rolle. Mit dem neuen Duo Ascona B und Manta B, dem noch immer recht frischen Kadett C City und dem neuen Kadett C GT/E sieht man sich gut gerüstet.

„Wir hatten gerade die schlimmste Phase der Energiekrise 1973/74 mit erstmaliger Kurzarbeit überstanden und reagierten schnell", erinnert sich Hans Akerhult, Mitte der 70er Jahre Marketing-Direktor bei Opel in Rüsselsheim. Ein Beispiel ist der sparsame Ein-Liter-Kadett, für den man den seligen 40-PS-OHV-Vierzylinder aus dem 1962 präsentierten ersten Nachkriegs-Kadett reaktiviert. Schon zuvor hatte man einen ähnlichen Weg beschritten und 1972 sowohl Ascona A als auch Manta A mit einem 1,2-S-Motor ausgerüstet, der seine Premiere im Spätsommer 1971 im Kadett B gefeiert hatte.

Doch dem Opel-Marketing ist zu jener Zeit schnell klar, dass abgespeckte Modelle mit frugaler Leistung nur für überschaubare Zielgruppen in Betracht kommen. Dabei handelt es sich nicht selten um ältere Kunden. Primäres Ziel ist aber die Ansprache junger Zielgruppen. Schließlich befindet man sich noch immer in den Siebzigern – dem Jahrzehnt, das für Aufbruch und Modernität steht. Eine neue Analyse der Opel-Marktforschung zeigt schnell,

Dampf und Optik: Aufgrund seiner Farbenvielfalt tituliert als „Papageien-Manta“, markiert der Irmscher i2800 seine Sonderstellung – eine Neuinterpretation des Manta A TE 2800, der 1974 von Transeurop Engineering in Belgien gebaut und Irmscher importiert worden war. Wie bei diesem Modell implantiert Irmscher zunächst den 2,8-Liter-CiH-Motor in den Manta B. Später folgen Versionen mit drei Liter Hubraum im Manta i300.

dass Leistungssteigerung nicht allein das wesentliche Thema für die angestrebten Zielgruppen ist. Das Werksangebot an leistungsstärkeren Version trifft zwar den Nerv der jüngeren Kunden, doch sie wünschen sich zudem optisch mehr Unterscheidbarkeit. Man will zeigen, was unter der Haube steckt.

Dieser Trend zur äußerlichen Unterscheidbarkeit wird schnell unter der Bezeichnung „optisches Tuning“ zusammengefasst; ein Begriff, den auch Partner Irmscher zunehmend für sich entdeckt und propagiert. Bestes Beispiel dafür ist der Kadett C City, mit dem Opel ein schickes Kompaktmodell mit großer Heckklappe im Programm hat. Der Golf-Konkurrent bietet zwar aufgrund des Heckantriebs nur einen eingeschränkten Kofferraum, spricht aber dennoch jüngere Kunden, Zweitwagenkäufer und Frauen durchaus an.

Zusammen mit Irmscher entwickelt man schnell das Konzept, den City mit gezielten Maßnahmen für junge Käufer noch attraktiver zu machen. Zur optischen Individualisierung tragen spezielle Folien an den Fahrzeugseiten bei, die den stilisierten Opel-Blitz als Motiv aufnehmen. Aus dem Irmscher-Programm stehen zusätzlich ATS-5-Stern-Leichtmetallräder zur Verfügung, eine attraktive Alternative zu den serienmäßigen Opel-Sport-Stahlrädern. Für Opel ist Irmscher die perfekte Lösung für das typische Problem eines Volumenherstellers: Eine auf große Stückzahlen ausgelegte Produktion lässt individuelle Wünsche der Kunden kaum mehr zu. Damit die Kosten nicht ausufern, muss die Zahl der angebotenen Kombinationen möglichst begrenzt sein, denn jede neue Variante verteuert die Produktion. Schwierig sind zu jener Zeit auch Sonderlackierungen, da die Anzahl der Farbleitungen in der Produktion begrenzt ist.

Aber die Kundschaft macht Druck: War bis in die frühen 60er Jahre die Anzahl der Modellversionen aufgrund der wenigen Optionen, Motor- und Getriebevarianten sowie der verfügbaren Farb- und Innenraumalternativen überschaubar, nimmt diese Vielfalt ab Ende der Sechziger deutlich zu: Schrillere Farben, verschiedene Innenraumstoffe, Vinyldächer, Motor- und Getriebevarianten kommen den individuellen Bedürfnissen der Kunden der 70er Jahre zwar entgegen, doch das reicht nicht aus, um die wachsenden Ansprüche zu erfüllen. Nach fast 20 Jahren einheitlicher Tristesse wollen Käufer Saharagold, Limonengrün und Signalorange statt Alabastergrau. Oder plötzlich wieder Uni-Schwarz, dann aber mit auffälligem Dekor. Folien bieten da ganz neue Möglichkeiten für eine individuelle Optik ohne teure Sonder- oder Mehrfarben-Lackierungen. Aber im Rahmen einer Großserienproduktion lassen sie sich kaum aufbringen. Lange experimentiert Opel mit 3M – die später das Material für das Seitendekor liefern – und zieht auch Haus- und Hofspezialist Irmscher zu Rate. Besonders die Produktionsvorbereitung hat mit speziellen Um- oder Anbauten große Schwierigkeiten. Irmscher ist hier die ideale Lösung, um derartige Sonderserien zu fertigen und kann zusätzlich noch individuelle Optionen wie spezielle Leichtmetallräder oder auch Leistungssteigerung aus dem eigenen Programm anbieten.

Beginn und Fortführung einer Erfolgsgeschichte: Insgesamt produziert und liefert Irmscher ab 1977 700 Kadett-City-Sondermodelle, vornehmlich in Schwarz. 2022 – 45 Jahre nach dem Start der Black & White-Modelle – präsentiert Irmscher das Sondermodell Mokka iS 3 Black.

Wie die Zeiten sich doch ändern: Wenige Jahre zuvor, 1971, hatte Irmscher beim gedopten 122-PS-Manta noch großen Wert auf aufwändige Leistungssteigerung gelegt. Trotz des neuen Trends zum optischen Tunen können Irmscher-Kunden aber natürlich gerne zusätzlich auf das jeweilige Modell abgestimmte Leistungskits, Fahrwerke und Karosserieteile bestellen.

Mit der Entscheidung, den Kadett C City als Sondermodell für Opel zu fertigen, beginnt für Irmscher 1977 nun der nächste Abschnitt. Das Geschäft mit dem City läuft – auch bei Opel – sehr gut, und der „Kleine" schafft es sogar, sich im Hinblick auf das Kundeninteresse sehr gut gegen das Coupé zu behaupten. Die Sache hat aber auch noch eine andere Seite: Für Sonderserien und Folgeaufträge reicht der bisherige Platz endgültig nicht mehr aus. So werden für eine mögliche Expansion zwei geeignete Areale in Augenschein genommen: Das heutige AMG-Gelände in Affalterbach sowie das frühere Heinkel-Werk in Remshalden-Grunbach. Die Wahl fällt auf Grunbach, wo der Flugzeugbauer Ernst Heinkel geboren und aufgewachsen war und wo er nach dem Zweiten Weltkrieg eine Fahrzeugfabrik eingerichtet hatte.

START MIT „BLACK + WHITE"

An das erste große gemeinsame Thema erinnert sich der damalige Marketing-Direktor Hans Akerhult freilich noch gut: „Der Kadett City Black + White war das erste Projekt für eine Zusammenarbeit, die langanhaltend sein sollte." Dabei waren Budgets immer ein Thema. „Wesentlich war natürlich eine gute Kooperation mit den Zulieferern, die einen großen Teil der Arbeit für den Hersteller übernahmen." So sei auch die Kooperation zwischen Irmscher und den Folien-Spezialisten problemlos gewesen.

„Wichtig war, dass die Economics stimmten, also ein Gewinn erzielt werden konnte", weiß Akerhult zu berichten. Mit überschaubarem Aufwand attraktive und gut vermarktbare Fahrzeuge zu kreieren – das war das Gebot der Stunde. Dafür nahm man auf der Marketingseite gerne einmal langwierige Wortgefechte mit der Produktion in Kauf. Doch meistens habe sich der damalige Produktionsvorstand Ferdinand Beickler, später Opel-Generaldirektor, überzeugen lassen. Und auch Finanzdirektor Ferdinand Schwenger, später Vorstandsmitglied, habe letztlich meistens die Projekte unterstützt, sofern die Kalkulationen realistisch und solide waren. „Es entstand eine Reihe attraktiver Modelle, vor allem Ascona und Manta, aber auch Rekord, die sich meistens sehr gut verkaufen ließen," erläutert Akerhult. „Mehrmals hatte ich auch Irmscher-Fahrzeuge als Dienstwagen, darunter einige Manta i200 und auch i240." Rückblickend auf diese spannende Zeit bestätigt Akerhult, dass besonders im Hinblick auf Kleinserienproduktionen die Zusammenarbeit mit Irmscher für einen Großserienhersteller echtes Geld wert gewesen sei.

Hinterachsübersetzungen

11 07 020	Hinterachsübersetzung 3,89
11 07 021	Hinterachsübersetzung 4,11
11 07 022	Hinterachsübersetzung 4,375
11 07 023	Hinterachsübersetzung 4,62

Sperrdifferentiale

11 07 030	Sperrdifferential
11 07 031	Innenreiblamelle (Innenverzahnung)
11 07 032	Außenreiblamelle (Außenverzahnung)
77 19 020	Hinterachsöl für Sperrdifferential

Motorenteile 1100/1200 ccm

13 06 028	Zylinderkopf mit großen Ein- und Auslaßventilen und Spezial-Ventilfedern
11 06 010	Zylinderkopfdichtung ⌀ 78, verstärkt
13 06 011	Zylinderkopfdichtung ⌀ 80, verstärkt
13 06 015	Ansaugkrümmerdichtung vergrößert, 34 ⌀
13 06 030	Einlaßventil ⌀ 34
13 06 032	Auslaßventil ⌀ 30
11 06 022	Ventilfeder, verstärkt, zylindrisch
13 06 021	Ventilfeder, verstärkt, konisch
13 06 035	Motordichtungssatz ohne Zylinderkopfdichtung
13 06 036	Kopfdichtungssatz ohne Zylinderkopfdichtung
13 06 037	Dichtungssatz für Ölwanne
13 06 055	Spezial-Riemenscheibe (Guß)
13 06 060	Spezial-Hauptlager-Satz
13 06 070	Spezial-Pleuellager-Satz
75 12 500	Unterbrecher, verstärkt

Vergaseranlage

85 08 153	Vergaseranlage + 15 PS, 1600 ccm
85 08 050	Ansaugrohr für Solex DDH und Weber DCOE, ohne TÜV
85 08 060	Irmscher Luftfilter für Solex DDH und Weber DCOE

Weitere Teile unter „Zubehör allgemein“

Reiches Programm: Der Irmscher-Katalog – heute ein gesuchtes Sammlerstück – bietet alles für den geneigten Opel-Sportfahrer, egal ob Felgen, Motoren- und Getriebeteile oder auch optische Verfeinerung. Dabei spielen Farben und Farbfolien ebenso eine wichtige Rolle wie wie Leichtmetallräder, häufig von ATS und Ronal. Die klassische ATS-Fünf-Sternfelge schafft es bei vielen Modellen von Kadett, Ascona und Manta sogar in die offizielle Opel-Preislisten.

Platzfrage: 1977 erfolgt der Umzug nach Remshalden auf das ehemalige Heinkel-Gelände, wo nach Heinkels Niedergang Holder Traktoren baute. Irmscher übernimmt das Personal von Holder. Tatsächlich werden in der Anfangszeit sogar noch einige Traktoren gebaut.

UMZUG NACH REMSHALDEN 1977/78

Das neue Gelände bietet die besten Voraussetzungen für das wachsende Unternehmen. Auf rund 30.000 und später gar 50.000 Quadratmetern hat Irmscher dort jene Reserven, die er für mögliche Geschäftsausweitungen braucht. Außer für den Fahrzeugumbau für Opel benötigt er Raum für die technische Entwicklung – etwa für neue Motoren – und ein eigenes Design-Zentrum für Exterieur- und Interieur-Teile.

Außerdem gibt es Anzeichen für das Interesse weiterer mit General Motors verbundener Marken an den Dienstleistungen des Unternehmens Irmscher. So lässt die japanische Marke Isuzu in den 80er Jahren Sondermodelle der Typen Piazza und Gemini sowie des Geländewagens Trooper vom schwäbischen Unternehmen verfeinern, allesamt besonders hochwertige Modelle, die in Japan noch heute bei Fans begehrt sind. Dazu gehört unter anderem eine Irmscher-Edition des Isuzu Trooper oder Bighorn, bereits SUV, lange bevor die Bezeichnung populär wurde.

Auch Opel-Modelle wie Omega und Senator rüstet Irmscher in den 90er Jahren speziell für den japanischen Markt besonders hochwertig aus, teilweise mit stärkeren Motoren. Varianten von Vauxhall, Opels Schwestermarke in Großbritannien, sollten später ebenso dazukommen wie Varianten für SAAB, ab Ende der 1980er Jahre ebenfalls im Besitz von General Motors.

Eine Besonderheit ist der Aufbau von Senator-Modellen mit dem durch einen Comprex-Lader zwangsbeatmeten 2,3-Liter-Diesel. Opel gehört damit bereits Mitte der Achtziger zu den ersten deutschen Herstellern, die einen leistungsgesteigerten Turbodiesel serienmäßig in der Oberklasse anbieten. Irmscher übernimmt das komplette Handling bis zur Montage. Offiziell wird der Senator Comprex-Diesel als Serienmodell ohne Irmscher-Hinweis angeboten.

Trotz des andauernden Erfolges und ständig steigender Stückzahlen bleiben auch Irmscher traurige Nachrichten nicht erspart. So stirbt Ende der 60er Jahre sein langjähriger Beifahrer Anderson, mit dem er bereits auf NSU zahlreiche sportliche Erfolge errungen hatte. Besonders tragisch ist ein Vorfall 1975: Auf dem Weg zum TÜV verunglückt ein enger Mitarbeiter in einem Kundenfahrzeug tödlich. Irmscher reagiert sehr betroffen und spricht allen Mitarbeitern ins Gewissen, auch bei Termindruck immer äußersten Wert auf Sicherheit zu legen.

Mit dem Kauf des ehemaligen Heinkel-Geländes – auf dem zu diesem Zeitpunkt das Unternehmen Holder seine Einachser und Weinbergschlepper baut – hat es Irmscher geschafft: Regelmäßige Serien sind inzwischen ein dauerhaft gutes Geschäft und erfordern sogar später die nochmalige Erweiterung. Irmscher baut noch einige Holder und übernimmt das Personal der Grunbacher Schlepperbauer-Filiale.

Und der Erfolg spricht sich weiter herum: Mittlerweile fragen immer mehr Hersteller bei den Remshalder Spezialisten an. Günther Irmscher bleibt aber in jener Zeit Opel treu.

Auf der Erfolgsspur: Immerhin 3074 Manta i200 liefert Irmscher an sportlich ambitionierte Kunden aus. Vielen Fahrzeugen bleibt der harte Rallye-Einsatz erspart. Sie dürfen als Boulevard-Schönheiten und auf der linken Spur ihre Qualitäten zeigen.

Irmscher in alle Welt: Ob in England oder Japan – für die meisten Märkte legt das Unternehmen spezielle Kataloge auf.

Japanese Connection: In den 80ern veredelt Irmscher auch das Isuzu Piazza Coupé, das allerdings in Deutschland nicht angeboten wird, sowie weitere Modelle.

IRMSCHER UND DAS EIGENE FELGENDESIGN

Als einer der ersten Hersteller im Nachrüstbereich wagt sich Irmscher an ein eigenes Felgendesign. Das erste selbstentwickelte Alurad – aufgrund der großflächigen Designsprache intern „Pizza-Felge" genannt – hat inzwischen Kultstatus erlangt. In den Folgejahren entstehen weitere vielfältige Varianten: Neben den speziellen Rädern für Sondereditionen werden auch im Zubehörbereich immer wieder aktuelle und dennoch zeitlose Designs in Remshalden entwickelt. An Optik und Dimensionen kann man den jeweiligen Zeitgeist gut ablesen. Heute sind vor allem die Ausführungen Evo Star, Turbo Star, Wave Star und Heli Star die Bestseller.

Frühwerk: Bereits Ende der 70er Jahre startet Irmscher die Entwicklung eigener Leichtmetallräder.

Die Irmscher-Modell- und Firmenchronik in Bildern. Rund 60 Jahre Sport, Dynamik, Technik und Design von den ersten Sport-Kadetten über vielbeachtete Design-Studien bis zur Serien-Produktion.

irmscher
Kadett 1600 SR
OSLO
22
irmscher
Sport Service
Opel Rallye Kadett GT/E Ascona Manta GT/E

Trendy und attraktiv: Als einer der ersten Tuner widmet sich Irmscher nicht nur der Leistungssteigerung, sondern auch der optischen Veredelung. So legt Günther Irmscher bereits 1978 die „weiße Flotte“ auf – attraktive Sondermodelle von Kadett, Ascona, Rekord und Manta mit Body-Kit und spezieller Zweifarben-Lackierung.

DER TREND ZUR INDIVIDUALISIERUNG

Dass ab Mitte der 70er Jahre die Lust auf sportliche Optik zunimmt, hatte Irmscher früh erkannt und wie schon erwähnt mit Opel Sondermodelle entwickelt, die voll im Trend lagen. Doch dieses optische Tuning mit Folien sollte erst der Beginn sein. Die Individualisierungswelle erfasst Deutschlands Autofahrer mehr und mehr. Und Irmscher? Surft ganz vorn auf ihr mit!

Ende der Siebziger folgen spezielle Karosserie- und Felgenprogramme für fast alle Opel-Modelle von Kadett über Ascona und Manta bis zu Rekord und Commodore. Sondermodelle werden bis 1978 in Winnenden und später dann aus Kapazitätsgründen in Remshalden gefertigt.

Das ist der Beginn von Irmscher als echtem Volumenhersteller. Neben den Opel-Sonderserien, die es bis heute gibt, entdeckt Irmscher schnell, dass auf dem Markt auch Nachfrage für eigene Irmscher-Sondermodelle herrscht. 1978 baut er seine eigene Sondermodell-Flotte auf, die berühmten weiß-grauen Irmscher-Modelle, die so genannte Weiße Flotte. Diese Modelle verfügen teilweise über attraktive Body-Kits, die den gefälligen Opel-Modellen der 70er Jahre eine individuelle Note verleihen.

Im Mittelpunkt stehen Kadett, Ascona, Manta und Rekord. Aber auch für Senator und Monza hat Irmscher Lösungen parat.

Lust-Laster: Auch den Rekord Caravan nimmt sich Irmscher vor, wie dieser Rekord 2.2i des Jahres 1985 zeigt. Irmscher-Besonderheiten sind spezielle Leichtmetallräder sowie Verkleidungen für Schweller und Stoßfänger.

Erstmals entwickelt Irmscher für solche Modelle eine eigene Serie Leichtmetallräder, die er in verschiedenen Dimensionen fertigen lässt. Das glattflächige Design mit fünfeckigem Felgenstern besitzt eine auf Wunsch abschließbare Nabenkappe. Es ist somit diebstahlsicher und obendrein leicht zu reinigen.

MANTA-SONDERMODELLE FÜR DIE 1970ER UND DIE 1980ER JAHRE

Während klassisches Motorentuning – schärfere Nockenwellen, größere Ventile, polierte Kanäle und Doppelvergaser-Anlagen – von Beginn an zur DNA des Unternehmens gehört, lässt sich Irmscher früh auch andere Mittel der Leistungssteigerung einfallen. Ein Beispiel ist der Manta i2800, bei dem Günther Irmscher

Exklusiv: Innerhalb der weißen Flotte nimmt der Manta i2800 eine Sonderstellung ein: Er ist der Einzige mit einem speziell implantierten Motor, hier der 2.8 Liter-Sechszylinder aus Commodore und Monza.

den regulären 2,8-Liter-Sechszylinder aus den Modellen Commodore, Admiral und später auch Senator/Monza in den Manta transplantiert.

Ein Rezept, das er vom TE 2800 übernimmt, jenem Manta A, in den das belgische Unternehmen Transeurope Engineering ab 1973/74 den 2,8-Liter-Vergaser aus dem Commodore GS mit 142 PS einbaut. Frühzeitig sichert sich Günther Irmscher für das heute gesuchte Sammlerstück die Vertriebsrechte und importiert den TE 2800, bevor er später dasselbe Rezept für den Manta B anwendet. Zum Preis von 19.980 Mark ist er exklusiver, aber auch teurer als das Commodore-Topmodell GS/E mit Einspritz-Technologie und immerhin 160 PS – Exklusivität hat ihren Preis.

Der Irmscher Manta i2800 ist übrigens das erste Fahrzeug, das Irmscher als eigene Marke auf den Markt bringt. Nicht selten spricht Günther Irmscher damals von „Deutschlands kleinster Automarke". Anders als im Commdore GS, aus dem der 2,8-Liter-CiH-Motor stammt, hat der Manta i2800 eine mechanische Solex-Einspritzung. Somit steht das kleine „i" vor der Hubraumnennung nicht nur für Irmscher. Damit kitzelt Irmscher sogar noch ein paar PS mehr aus dem Motor des Commodore GS und des Admiral mit dem selben Motor, also Opel selbst mit der weitaus aufwändigeren D-Jetronic von Bosch, die im Commodore GS/E und Admiral/ Diplomat E für mehr Leistung und Effizienz sorgt.

Sport Auto 8/77 resümiert im ersten Fahrbericht: „Obgleich der Testwagen noch ein Vorserien-Exemplar war, machte der i2800 einen denkbar perfekten Eindruck." Und zum Triebwerk erhält der geneigte Leser folgende Information: „Bei der Wahl des Antriebs-Aggregats ließ der Tuner jegliche Art von Zurückhaltung vermissen und griff zum größten augenblicklich angebotenen Sechszylinder aus Rüsselsheim, der überraschend gut ins Vierzylinder-Abteil passt: Einzig der Kühler musste in die vordere Quertraverse wandern, wo er nun direkt hinter dem Grill von zwei Elektro-Ventilatoren befächelt wird. Zudem tauschten die Winnendener die serienmäßige D-Jetronic von Bosch gegen die wenig verbreitete mechanische Solex-Einspritzung, da die Saugrohre der Bosch-Anlage einen hässlichen, zehn Zentimeter hohen Motorhauben-Buckel bedingt hätten. Solchermaßen modifiziert leistet der Manta-Sechser versicherungsgünstige 150 PS, die über das für maximal 300 PS ausgelegte Getrag-Fünfganggetriebe des Kadett GT/E und verstärkte Antriebswellen auf die Straße gebracht werden."

Die Höchstgeschwindigkeit des i2800 wird mit 215 km/h angegeben, der Sprint von 0 auf 100 km/h dauere 8,4 Sekunden. Das bedeutet rund eine Sekunde weniger als beim „Commo" GS/E sowie eine um 15 km/h gesteigerte Spitze. Wesentlicher Grund dafür ist das mit 1130 Kilogramm rund 270 Kilo niedrigere Gewicht.

Obwohl beim Manta nicht lieferbar, fehlt dem Tester eine Servolenkung keineswegs. Gegenüber einem vergleichbaren Ford Capri 2300 V6 – ebenfalls ohne Servo – werden die Lenkkräfte beim i2800 als geringer und keineswegs störend klassifiziert. Selbst zum Preis heißt es lobend, er sei „vorerst mit fairen 26.000 Mark"

Eye-Catcher: Neben Motor und Lackierung bietet der i2800 eine weitere Innovation: einen lackierten Kunststoff-Heckspoiler mit gleichzeitig dominanter und dennoch tiefstapelnder GT/E-Modellbezeichnung ohne Sechszylinder-Bezug.

kalkuliert. Ferner vermerkt der Autor, dass Irmscher bereits weitere Varianten in Planung habe: „Mit dem kommenden Opel-Dreiliter-Motor und Serie-50-Bereifung hätte Irmschers Manta das Zeug dazu, Porsche-Fahrer zu verblüffen. Zunächst begnügt man sich in Winnenden doch damit, BMW-Piloten zur Verzweiflung zu treiben. Dennoch muss man sehen, dass das Vergnügen, einen Understatement-Manta zu steuern, durchaus seinen Preis hat."

Treffsicher identifiziert Günther Irmscher Lücken im Opel-Motorenprogramm, für die er eigene Lösungen entwickelt. Dazu gehört Ende der 70er Jahre der erste 2,4-Liter-16-Ventil-Motor mit 160 PS, dessen Projektierung allerdings eingestellt wird, nachdem Opel selbst einen solchen Motor mit 144 PS als Basis für den Motorsport entwirft und ab September 1979 im Ascona 400 anbietet.

Zwar hat Irmschers Motoren-Kreation – wie zuvor erwähnt – mit 160 PS leistungsmäßig sogar mehr zu bieten und erweist sich als äußerst standfest, doch steckt man in Remshalden aus politischen Gründen zurück und lässt dem Werk den Vorrang. Angeblich ist Opel Ende der 70er Jahre durch zuvor abgeschlossene Verträge mit dem britischen Motor-Spezialisten Cosworth an die eigene Entwicklung gebunden, obwohl man auch in Rüsselsheim das Potenzial des Irmscher-16V-Triebsatzes erkennt. Auch wenn nicht in Serie produziert, findet das Triebwerk in der Folge seinen Weg in Motorsport-Fahrzeuge.

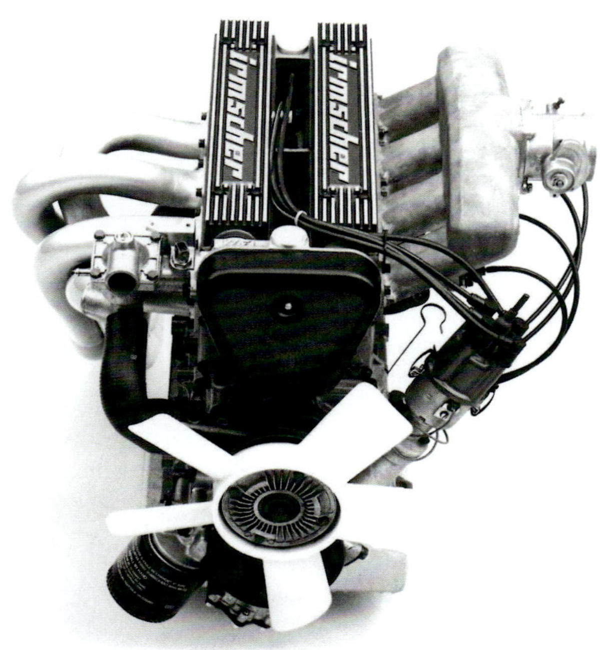

Links: Zivil-Version: Wer will, kann den Manta i2800 selbstverständlich auch in Standard-Farben bestellen – wie hier in Gelb.

Rechts: Früher Vierer: Bereits Ende der 70er Jahre entwickelt Irmscher seinen ersten 16-Ventil-Motor. Obwohl mit 160 PS rund 16 PS stärker als die Serienversion mit 144 PS, entscheidet sich Opel für die Produktion eines eigenen Triebwerks für den Einsatz in Ascona und – später – Manta 400.

Sprungbereit: Der Ascona der „weißen Flotte“ mit der Technik des i2000 und 121 PS verknüpft Leistungssteigerung mit exklusiver Optik.

Irmscher hat neben den Prestige-Modellen durchaus Lösungen für jeden Geldbeutel zu bieten. So liefert er leistungshungrigen Kadett-Piloten eine um 8 PS gesteigerte Version des 1,2-Liter-S, serienmäßig 60 PS stark. Unter dem Titel „Gut in Schale“ testet *auto motor und sport* dieses Gefährt in Ausgabe 23/1975. Zwar sorgt der 1200er durch die aufgerüstete Doppelvergaser-Anlage für bessere Fahrleistungen, doch machen bauchige Kotflügel und 70er Reifen einen Teil der Leistungssteigerung zunichte. In Anbetracht des Preises schreibt Autor Werner Schruf in seinem Fazit: „Der außerdem mit zwei körpergerecht geformten Recaro-Sportsitzen und einem Lederlenkrad ausgerüstete Testwagen brachte es auf einen Anschaffungspreis von knapp 14.500 Mark. Damit zeigt er überdeutlich, dass Individualität auch bei kleinen Autos ihren Preis hat.“

Irmschers Mittelklasse-Angebot wird von der Fachpresse ebenfalls positiv beachtet: So stellt die *Auto Zeitung* am 22. März 1977 unter dem Titel „Dampf inklusive“ einen leistungsgesteigerten Ascona B mit 115 statt der serienmäßigen 90 PS vor: „Die Leistungssteigerung wird durch eine Doppelvergaser-Anlage mit zwei Solex-Vergasern 40 ADDHE, zwei von Irmscher entwickelten speziellen Ansaugrohren, einem Luftfilterkasten aus gleichem Hause sowie einem Auspuffkrümmer vom Rekord Sprint erreicht. Mit einigen Kleinteilen kostet diese Anlage 1376,40 Mark. Für Montagekosten und die TÜV-Abnahme berechnet Irmscher zusammen 472 Mark. Eine Sport-Auspuffanlage, die nochmals vier PS mobilisiert, wird mit 413,86 Mark berechnet. Rund 2200 Mark kostet der Spaß an mehr Leistung zum Schluss. Das Ergebnis in Messwerten: Für den Sprint von 0 auf 100 km/h benötigt der getunte Ascona 10,5 Sekunden, von 60 bis 140 km/h im vierten Gang vergehen 21,8 Sekunden (25,7 Sekunden benötigt der 90-PS-Serien-Ascona) und die Spitze beträgt 176 km/h. Eindrucksvoller als die Messwerte ist jedoch die Art und Weise, wie der verbesserte Ascona-Motor auf Gas anspricht. Gegenüber dem doch recht antrittsträgen Serien-Ascona reagiert der Irmscher-Opel ungewöhnlich agil auf Gasstöße.“ Entsprechend positiv fällt das endgültige Urteil aus: „Der Test des Ascona zeigt, dass Irmscher sein Metier versteht.“

Kein Wunder: Hat Irmscher doch schon fünf Jahre zuvor, also 1972, den Ascona A fast exakt so aufgerüstet. Damals bietet Irmscher für den bewährten 1900er mit 90 PS eine klassische Leistungssteigerung über Doppelvergaser (2 Solex 40 DDH statt eines Solex 32 DIDTA-4) an. 115 PS leistet der „gemachte Treibsatz“ aus dem Hause Irmscher.

Damals schon selten: Der Ascona SI – hier bei einer Messepräsentation. Als Gegenstück zum stylischen Manta SI positioniert, spricht er die Freunde knapp geschnittener zweitüriger Sportlimousinen an – prominentestes Beispiel damals war die BMW-02-Serie.

Neue Zeit: Gleich mit Einführung des ersten Opel Kadett mit Frontantrieb widmet sich Irmscher auch diesem Modell. Ob Doppelscheinwerfer-Grill – damals auch beim Golf ein beliebtes Element des optischen Tunings – oder die typischen Irmscher Leichtmetallräder, Kotflügel-Windsplits oder eine integrierte Bugschürze samt Karosserie-Modifikationen: Irmscher lässt keinen Wunsch offen. Natürlich geht auch leistungsmäßig noch etwas. So holt Irmscher durch eine Doppelvergaser-Anlage 10 PS mehr aus dem neuen 1.3-S-Motor, der werkseitig 75 PS leistet und bis 1981 die höchste Leistungsstufe im Kadett darstellt.

Und wieder ist es die *Auto Zeitung*, die in Ausgabe 10/72 darüber berichtet. Folglich klingt schon die Überschrift vertraut: „Viel Dampf für wenig Geld". Auch die Beschreibung der motorseitigen Änderungen klingt bekannt: „Das Kernstück der Tuning-Arbeiten bildete der Umbau der Gasfabrik. Serienmäßige Teile wie Luftfilter, Vergaser, Ansaugrohr und Auspuffkrümmer verschwanden. Dafür wurden modifiziert: Ein Luftfilter vom BMW 2002 ti, zwei Solex-Doppelvergaser 40 DDH, spezielle Ansaugrohre und der Auspuffkrümmer vom Rekord Sprint (Kosten: 870 Mark). Am Motor selbst tauschte Irmscher lediglich die serienmäßige Nockenwelle gegen eine etwas spitzere aus (Kosten: 312 Mark), und die normalen Ventilfedern mussten härteren Platz machen (Kosten: 52 Mark)."

Mit diesen Maßnahmen erreicht der 1900er 115 PS und damit genauso viele wie der 2,5-Liter-Sechszylinder im Commodore. Die Maßnahmen verfehlen ihre Wirkung nicht: Der Standard-Sprint von 0 auf 100 km/ verkürzt sich von 12,2 auf 10,5 Sekunden, die Spitze steigt von 162 km/h auf 176 km/h.

Kann sich Irmscher bis 1979 nur den Opel-CiH- und OHV-Triebwerken widmen, legt er auch schon unmittelbar nach Vorstellung des neuen Familie-I-OHC-Motors mit 60 und 75 PS im Kadett D Hand an. Bereits im April 1980 testet Sport Auto einen von Irmscher präparierten Kadett mit 85 statt 75 PS. Wie schon zuvor bemüht Irmscher zur Leistungssteigerung eine Doppelvergaser-Anlage nebst selbstentwickeltem Ansaugrohr. So gestärkt kommt der Kadett auf eine Spitze von 175 km/h und beschleunigt aus dem Stand auf 100 km/h in 12,5 Sekunden. Tester Harald Prüssmann:

Positive Aufnahme: Fachmedien wie Sportfahrer nehmen den leistungsgesteigerten neuen Kadett von Irmscher sehr positiv auf und widmen ihm zahlreiche Berichte.

Irmscher-Stars '79: Ascona i2000, Kadett Rallye und GT/E sowie der neue Monza sind in jenen Jahren auch für Irmscher beliebte und lukrative Produkte, die die Irmscher-Stände bei Messen zieren.

„Ist schon der normale Kadett kein Kind von Traurigkeit, so vermag der gemachte Motor alles noch etwas besser zu liefern. Er hängt spontan am Gas und geht in Windeseile über die Nenndrehzahl von 6200/min hinaus, ohne dass Leistungsabfall bemerkbar ist."

Größere Stückzahlen erreicht Irmscher jedoch mit anderen Modellen mit Irmscher-Motoren. Dazu gehören der bereits erwähnte Irmscher i2000 (Ascona B), der bis zur Einführung des Ascona Sport 2.0E Ende 1980 jene Kunden anspricht, die gerne mehr als die serienmäßigen 100 PS des Zweiliter-CiH-Motors pilotieren möchten. Besonderheit ist eine Solex-Pierburg-Doppelvergaseranlage. Ergebnis: eine um etwa 12 km/h gestiegene Höchstgeschwindigkeit und eine Beschleunigung für den Standard-Sprint von 0 auf 100 km/h in unter zehn Sekunden. Zudem verfügt das Fahrzeug serienmäßig über eine innenbelüftete Bremsanlage, ein optimiertes Fahrwerk sowie Heck- und Frontspoiler. Dieses Modell bildet die Basis für das Gruppe-N-Modell, mit dem Jochi Kleint später Rallye-Europameister wird.

Auf dem Weg zum Rallye-Europameister: Jochi Kleint 1979 im Ascona i 2000.

Das Modell wird offiziell über Opel angeboten und ist somit eines der ersten mit einem „i" in der Modellbezeichnung. 1983 löst bei den regulären Opel-Modellen das „i" für „Injection" in der Modellbezeichnung das „E" für „Einspritzung" ab. Es handelt sich um eine kleine Image-Initiative, die der 1981 von Ford zu Opel gewechselte PR-Vorstand Hans-Wilhelm Gäb gestartet hat. Dass Irmscher seine „heißen" individuellen Varianten ebenfalls mit einem „i" kennzeichnet, wird keineswegs negativ gesehen, zumal hier das kleine „i" vor die Motorenbezeichnung gestellt ist, also Ascona i2000 gegenüber – beispielsweise – Ascona 1.8 i.

Ein weiteres Beispiel ist der überarbeitete Zweiliter-Einspritzmotor im Manta i200 mit den Farbstreifen des Sponsors Rothmans bei der Rallye-WM, den Irmscher für Opel fertigt und über Opel-Händler vermarktet. Durch Feinarbeit an der Zündung und den Einsatz einer schärferen Nockenwelle ohne Hydrostößel – also manuell einstellbaren Ventilen wie beim Kadett GT/E Wettbewerbsmodell – leistet dieses Triebwerk 125 statt der serienmäßigen 110 PS. Eine weitere Entwicklung ist die Version des 2,4-Liter-Motors mit 136 PS, die es im Manta i240 zu kaufen gibt. Damit leistet dieses Triebwerk 11 Pferdestärken mehr als jener 2,4-Liter-Einspritzmotor, den Opel offiziell ab 1988 – allerdings im Omega – ins Programm nimmt. Erstaunlich ist der Anstieg des Drehmoments von 161 Nm auf 201 Nm. Auch Fahrwerk und Bremsen des Irmscher-Manta sind – wie beim Ascona i2000 – speziell abgestimmt. Zusätzlich zu Leistungssteigerung und Fahrwerksanpassung verfügen die Modelle i200, i240 und GSi Exclusiv über spezielle Karosserie-Modifikationen.

Leistungsgesteigert im Rothmans-Look: 15 PS mehr holt Irmscher aus dem Zweiliter-Einspritzer im Manta i200. Der reguläre Manta GT/E muss sich in jener Zeit mit 110 PS begnügen. Alle Manta i200 entstehen – auf Basis des regulären GT/E – im Irmscher-Werk in Remshalden.

Zum Preis ab 25.585 Mark kommt der Manta i240 nach Angaben des Manta-i240-Registers auf immerhin rund 600 Exemplare. Top ausgestattet mit Doppelscheinwerfern und Velours-Sportsitzen werden für den i240 fast 42.000 Mark fällig. Dafür gibt es bereits einen Monza 3,0 E mit 180 PS, wie er serienmäßig von den Werks-Fließbändern rollt.

Gegenstück in Irmschers Spezial-Manta-Angebot ist der i300, in den das gleiche Aggregat verpflanzt wird. Ein Exot in jeder Beziehung und mit 26 Exemplaren sehr rar. Der i300 ist bereits das zweite Irmscher Sechszylinder-Modell des Manta.

Ein echter Großauftrag von Opel ist der Bau der letzten 18.000 Manta GSi Exclusiv in Remshalden. Änderungen an der Karosserie wie Doppelscheinwerfer, spezielle Front- und Heckschürzen oder den Heckspoiler entwickelt und baut Irmscher und fertigt die spezielle Innenausstattung mit Stoffpolstern im Streifendesign an – vorzugsweise in Rot! Damit entsteht ein absolutes Kult-Objekt der Manta-Fangemeinde, das heute Spitzenpreise bei Liebhabern erzielt. Die letzten Modelle kann der Kunde sogar mit ungeregeltem Katalysator bestellen, eine damals zulässige Euronorm-Lösung.

Veredelung bis zum Schluss: Der bei Irmscher optisch und technisch überarbeitete Manta Exclusiv markiert das Ende der Manta-Produktion im Jahre 1988. Heckspoiler, farblich abgesetzte Leichtmetallräder, Doppelscheinwerfer und spezielle Sitzbezüge mit roten Akzenten sind die Zutaten.

Neuer Anstrich: Für das Modelljahr 1987 konnten die Kunden unter anderem die Zwei-Schicht-Metallic-Farbtöne Platin (links) und Monacoblau wählen. Preis des Manta GSi Exklusiv 2.0i zu jener Zeit: 24.550 DM.

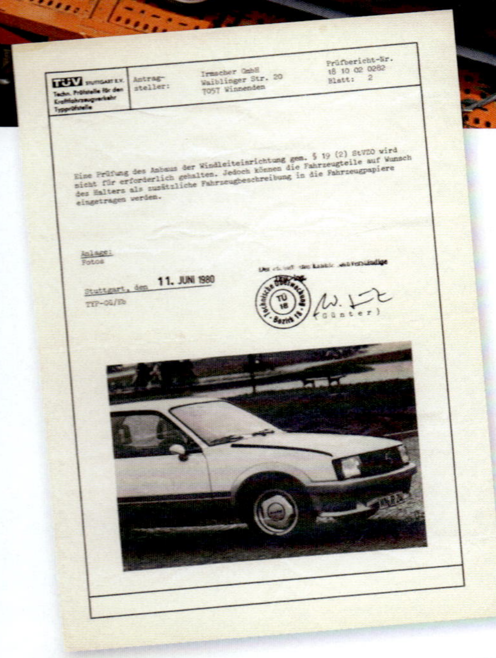

TÜV STUTTGART E.V.
Techn. Prüfstelle für den Kraftfahrzeugverkehr
Typprüfstelle

Antragsteller: Irmscher GmbH
Waiblinger Str. 20
7057 Winnenden

Prüfbericht-Nr.
18 10 02 0282
Blatt: 2

Eine Prüfung des Anbaus der Windleiteinrichtung gem. § 19 (2) StVZO wird nicht für erforderlich gehalten. Jedoch können die Fahrzeugteile auf Wunsch des Halters als zusätzliche Fahrzeugbeschreibung in die Fahrzeugpapiere eingetragen werden.

Anlage:
Fotos

Stuttgart, den 11. JUNI 1980
TYP-OG/Eb

Technische Überwachung · Bezirk 18 · TÜ 18

(Günter)

Freigabe: Für alle Irmscher-Produkte liegt eine Genehmigung zur Verwendung vor, die dem Kunden auch als Dokument mitgegeben wird.

Aus dem klassischen Tuning-Angebot stammen Varianten für Kadett und Ascona mit Doppelvergaser, speziell auf Basis der 1,6-, 1,9- und 2,0-Liter-CiH-Motoren. Unzählige Varianten bietet Irmscher für alle Ansprüche der Opel-Kunden an, darunter auch 1,2-Liter-OHV- sowie Sechszylinder-Motoren. Ab 1979 kommen Leistungskits für die modernen OHC-Motoren ab 1979 dazu, die in allen Frontantriebsmodellen sowie in Manta und Rekord eingesetzt werden. Während diese Sparte weiter im Angebot bleibt und eine sichere Basis für den Breitensport bietet, entwickelt sich das Unternehmen systematisch in verschiedene Richtungen weiter:

- als Entwicklungshelfer für neue Triebwerke,
- als Lieferant für Sonderserien und damit „verlängerte Werkbank" für Hersteller sowie
- als Hersteller mit eigenen Entwicklungen.

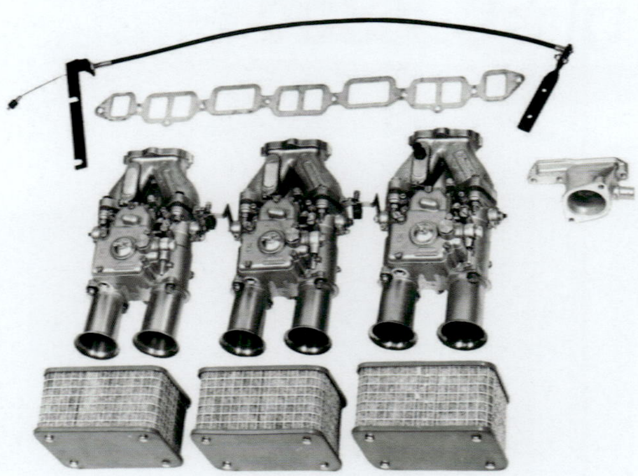

Gasfabrik: Mehrfachvergaser spielen bei Irmscher eine wesentliche Rolle beim Thema Leistungssteigerung. Für den Wettbewerbseinsatz werden teilweise auch Fahrzeuge von Einspritzanlagen auf Mehrvergasertechnik umgerüstet. Links sind drei Weber Flachstromvergaser für CiH-Sechszylinder aus dem ersten Irmscher Katalog zu sehen, rechts ein Saugrohr („Hirschgeweih") für Kadett-OHV-Motoren.

Sport-Star: Sechs Jahre nach der Vorstellung des Manta B 1975 präsentiert Opel 1981 der Manta 400 mit Vierventiltechnik. Er bildet dabei auf diesem Bild den attraktiven Rahmen bei der Vorstellung des neuen Ascona C mit Frontantrieb.

DER NEUE
ASCONA

Bürgerschreck: Während Opel als sportlichste Ausbaustufe des Rekord E 1981 den SR/E mit Zweiliter-Einspritzer und 110 PS liefert, garniert Irmscher auch noch das ab Herbst 1982 gelieferte Facelift-Modell mit Schürzen, Schwellerverkleidungen, Heckspoiler und den bekannten Irmscher-Leichtmetallrädern.

KRAFTSPRITZE FÜR DAS OPEL-OBERHAUS

Im Januar 1980 berichtet *rallye racing* von einer Leistungsspritze bis 225 PS durch einen Turbolader für den Monza 3.0 E, der ab Werk mit 180 PS ebenfalls nicht gerade untermotorisiert antritt. Unter der Headline „Turbo in der Hinterhand“ wird den Lesern der Mund für die nahe Zukunft wässrig gemacht.

Für Omega und Senator entwickelt das Irmscher-Team einen 3,6-Liter-Zweiventil-CiH mit 197 PS, ein Konzept, an dem auch die Ingenieure in Rüsselsheim schon gearbeitet haben. Irmscher baut einige Fahrzeuge auf und verteilt sie an die Motorpresse. Durch die Vergrößerung des Hubraums um 20 Prozent entwickelt das Triebwerk ein deutlich höheres maximales Drehmoment von 285 Nm bei 4200/min. Der Serien-Dreiliter stemmt 240 Nm bei 4400/min. In der Ausgabe 2/1989 veröffentlicht die *Auto Zeitung* den Fahrbericht einer Omega-3,6-Liter Limousine. Ein magischer Wert: 3,6 Liter hatte auch der letzte große Vorkriegs-Opel, der Admiral.

Der Hubraum des Zweiventilers mit 197 PS wächst dank des von 69,8 auf 85 Millimeter vergrößerten Hubs. Das wirkt sich speziell auf die Steigerung des Drehmoments bei kleineren Drehzahlen positiv aus. Obwohl das deutlich gesteigerte Maximal-Drehmoment bei einer ähnlich hohen Drehzahl anfällt wie beim regulären Dreiliter, stehen bereits ab 2000 Touren 90 Prozent des Bestwerts bereit.

Ein Umstand, der beim Fahren sofort deutlich wird, wie Redakteur Werner Müller beschreibt: Der 3,6-Liter-Motor aus dem Hause Irmscher ändere „den Charakter des Sport-Opel deutlich. Mit seinem satten Drehmoment und der dadurch besseren Durchzugskraft aus niedrigen Drehzahlen fährt man auf Autobahnen nahezu alles im 5. Gang. In der Fahrpraxis wirken sich diese 20 Mehr-PS gegenüber dem Serientriebwerk jedoch wesentlich eindrucksvoller aus als zu vermuten wäre. Statt in 8,2 Sekunden beschleunigt der Irmscher-Omega 3.6 in 7,3 Sekunden von 0 auf 100 km/h. Den stehenden Kilometer schafft das Irmscher-Gefährt in 27,8 Sekunden, die Serienversion braucht 29,1 Sekunden.

Den wahren Bullen-Charakter zeigen die Irmscher-Opel jedoch bei der Elastizität, bei der Beschleunigung im 4. und im 5. Gang. Von 60 bis 140 km/h braucht der Serien-Omega 3000 im vierten Gang 20,5 Sekunden, im 5. Gang 27. Das bei Irmscher gedopte Gefährt absolviert diese Messungen in 15,1 respektive 19,9 Sekunden. Diese Werte erreicht gerade ein gut gehender BMW M3.“ Ein Teil des Mehrpreises von 8087 Mark für das Prachtstück aus Schwaben kann der Käufer übrigens an der Tankstelle einsparen: Die *Auto Zeitung* ermittelt mit einem Durchschnittsverbrauch von 12,6 Litern auf 100 km eine Einsparung von einem halben Liter Sprit je 100 Kilometer.

Doch alle Presse-Lorbeeren nutzen nichts. Wie wir aufgrund der Wichtigkeit dieses Themas in der Folge in diesem Buch noch

Understatement: Der von der Fachpresse hochgelobte Vierliter-24-Ventiler findet bei Irmscher auch Eingang in den Omega Caravan, der ebenfalls mit angepasstem Fahrwerk und 18-Zoll-Rädern veredelt wird. Mit 272 PS und 395 Nm Drehmoment ist er einer der schnellsten Kombis seiner Zeit. Dazu kommt ein spezifischer Karosserieumbau mit typischem Irmscher-Grill und -Rädern.

verschiedentlich im Detail beschreiben, fällt in Rüsselsheim die Entscheidung zur Produktion eines Dreiliter-24V als neuem Top-Motor mit einer Spitzenleistung von 150 kW/204 PS. Doch Irmscher sieht einen Bedarf nach höherer Leistung für die Top-Modelle Omega und Senator über den Dreiliter hinaus. Dabei scheint der Lotus 3,6-Liter-Turbo – eingesetzt im Lotus Omega – nicht standfest genug. Irmscher setzt stattdessen auf eine Weiterentwicklung des Dreiliters zu einem Vierliter inklusive eines eigenen neuen Blocks.

Mit hohem Drehmoment bei kleinen Drehzahlen will man die verwöhnte und komfortorientierte Kundschaft jetzt mit einem Vierliter-24-Ventiler ansprechen. Mit 272 PS und 395 Nm maximalem Drehmoment bei 3300/min kann man es mit allen Mercedes-Benz S-Klasse- und BMW 7er-Modellen aufnehmen. Damals spricht man vom drehmomentstärksten Vierliter-Sechszylinder der Welt!

Dampfhammer: Mit einem maximalen Drehmoment von 395 Nm bei 3.300 U/min sorgt der 272 PS starke Vierliter-Vierventiler für massiven Vortrieb und setzt die Sechszylinder etablierter Premiumhersteller unter Druck.

Erfolg durch Feinschliff: Mit dem Facelift 1991 produziert Irmscher den Omega 500 Evolution, mit einem auf 230 PS leistungsgesteigerten Dreiliter-24-V-Motor und setzt dieses Modell in der DTM-Saison 1991 ein.

KULT AUS REMSHALDEN

Auch bei anderen Kultfahrzeugen fungiert der „Sachse aus dem Schwabenland“ frühzeitig als Geburtshelfer. So wird er – nach Problemen mit den ersten gelieferten Fahrzeugen – zur Optimierung des legendären Lotus Omega ab 1992 eingesetzt. Etwa zur gleichen Zeit fertigt Irmscher den Omega Evo 500, eine spezielle leistungsgesteigerte Variante des Omega 3000 24 V, in einer Auflage von 500 Einheiten. Der Bau so vieler Autos ist für den Einsatz des Fahrzeugs bei der Deutschen Tourenwagen-Meisterschaft 1991 erforderlich. Insgesamt werden es 509 Exemplare.

Die Präsentation des Evo 500 findet auf dem Genfer Salon im März 1991 auf dem Irmscher-Stand statt. Ende des Jahres steht der Evo auf der Essen Motor Show. Obwohl ursprünglich in vier Farben vorgesehen, wird er letztlich nur in Novaschwarz-Metallic ausgeliefert – andere Farben werden nicht offiziell angeboten. Nur die beiden Prototypen und Vorserienfahrzeuge sind noch in Weiß lackiert worden. Für die Fertigung werden Serienfahrzeuge mit der entsprechenden Basis-Spezifikation im Werk Rüsselsheim abgezweigt und auf die Reise nach Remshalden geschickt. Dort erhalten sie spezielle Kotflügelverbreiterungen sowie Schwellerverkleidungen. Auch die Stoßfänger sind modifiziert. Ferner erhält der Evo 500 einen ausfahrbaren Heckflügel, spezielle Leder-Stoffsitze sowie entsprechende Verkleidungen.

Motorseitig fällt die Leistungssteigerung mit eigenem verstärkten Block relativ gering aus: 230 PS bei 6700/min stehen Serienwerten von 204 PS und 6000/min gegenüber. Aufgrund der hohen Drehzahlen bei Rennmotoren bis 10.000/min und die bei Sechszylindern hohen Drehschwingungen bietet das ECO-Triebwerk im Detail feinsten Motorenbau. So trägt die geschmiedete Kurbelwelle acht statt zwölf Gegengewichte. Das dient der Entlastung der Kurbelwellenlager.

Der um rund sechs Kilogramm erleichterte Kurbeltrieb garantiert schnellere Umsetzung von Gaspedal-Kommandos. Um ein höheres maximales Drehzahlniveau zu garantieren, sind Pleuel (10 Millimeter verlängert) und Kolben (rund 140 Gramm weniger Gewicht) modifiziert. Auch die Kolbenbolzen sind gewichtsreduziert.

Eine Besonderheit stellt der in Abhängigkeit von der Geschwindigkeit verstellbare Heckspoiler dar. Im Innenraum bietet der Evo 500 ein spezielles Interieur mit Recaro-Sportsitzen. Mindestens 89.400 Mark kostet das Vergnügen, einen Omega Evo 500 zu fahren. Während spezielle 18 Zoll Räder mit darauf abgestimmtem Fahrwerk zur Serienausstattung zählen und damit weitgehend den Details des Wettbewerbsfahrzeugs entsprechen, kann der Privatkunde für die Straße noch weitere Extras aus der Opel-Liste wählen. Obwohl offiziell nur mit dem leistungsgesteigerten Dreiliter-24V geliefert, werden auf Kundenwunsch auch einige mit dem Irmscher-Vierliter-24V gebaut.

Blitzschnelles Understatement: Der Irmscher Senator 4.0-24 V kann es mit den Schnellsten im Segment aufnehmen – ohne dabei überheblich zu wirken!

ASTRA CARAVAN 2.0 16V UND SENATOR 4.0 24V

Zunächst aber leiten Ende der 80er Jahre sportliche Vierventiler in der kompakten Mittelklasse den Trend zu Mehrventil-Triebwerken ein. Obwohl vereinzelt auch bei japanischen Marken am Angebot, bedeutet die Einführung des Volkswagen Golf GTI 16 V 1986 für sportliche Fahrer eine neue Ära. Hatte der Golf GTI schon für Aufmerksamkeit gesorgt, beginnt mit dem Kadett GSi 16 V im März 1988 eine neue Zeitrechnung für leistungsstarke 16-Ventiler. Dies spricht sich bei Presse und Kunden schnell herum. Opel präsentiert den seinerzeit überzeugendsten 16-Ventiler im März 1988 den staunenden Motorjournalisten, die schnell den effizientesten Benzinmotor im Markt loben.

Irmscher setzt – im direkten Auftrag von Opel – sogar noch eins drauf und baut ab 1993 für Opel den ersten Sportkombi des Kompaktsegments, den Astra Caravan 2.0 16V mit dem damals noch immer klassenbesten Zweiliter-16-Ventiler.

Alles scheint damals auf dem richtigen Weg zu sein. Durch die Wiedervereinigung stiegen Verkaufszahlen und Marktanteile ständig. Mit neuen Modellen wie Omega, Vectra und Calibra hatte man ganze Karawanen durch die neuen Bundesländer geschickt, um über die attraktive Modellpallette zu informieren. Es gab dafür gar eigens einen Prospekt aus Rüsselsheim.

Knapp 40.000 Bestellungen für den Kadett kann Opel nicht mehr ausliefern und stellt die Aufträge mit Zustimmung der Kunden auf den neuen Astra um. Monat für Monat verringert der neue Kompakt-Opel ab 1991 den Abstand zum großen Widersacher Volkswagen Golf. Durch eine geschickte Anzeige zum Start des neuen Modells anlässlich der IAA 1991 hat Opel Volkswagen zur Vorstellung des neuen Golf – nicht ohne Hintersinn – in einer Boulevardzeitung sogar gratuliert.

Und dennoch herrscht bereits seit einiger Zeit Spannung in Rüsselsheim: Erstmals soll es den Golf ab 1992 auch als Kombi Variant geben. Eine Herausforderung für die Marke Opel, die seit 1962 mit dem Kadett Caravan die führende Position im Segment kompakter Kombis innehat. Obwohl die Marktforschung den Astra Caravan – wie bereits die Vorgänger – in führender Position sieht, ist die Herausforderung durch den neuen Golf Variant nicht zu übersehen.

Es wird im Produktmanagement schnell klar: Eine echte Überraschung muss her! Ein profanes Sondermodell zur ‚liebevollen Begrüßung‘ des neuen Kombi-Wettbewerbers konnte es nicht sein. Da Opel beim Caravan vorrangig Familienthemen ansprach und mit dem Modell ‚Club‘ nur ein gemäßigt sportliches Sondermodell im Programm hatte, schien ein echtes Sportmodell mit dem vielgepriesenen Zweiliter-Vierventiler ein interessantes Angebot: der erste Sportkombi im C-Segment.“

Schnell waren Verbündete gefunden: Die flugs kontaktierten Horst Borghs (Vorstand PR), Karl Mauer (Presse und Motorsport), Günther Sommerlad (Direktor Vertrieb), Werner Frey (Direktor Produktmanagement), Klaus Leydecker (Astra Brandmanager Europa) stimmten dem Vorschlag umgehend zu. Einziges Problem: Der Motor war für den Caravan im offiziellen Opel-

Geburtshelfer: Der im Vorgänger Kadett bereits erfolgreiche Zweiliter-16-V-Motor spielt auch im Astra eine wesentliche Rolle – allerdings nicht im Caravan. Da sich sportliche kompakte Kombis aber steigender Beliebtheit erfreuen, drängt der Astra-Produktmanager auf die Einführung des 150-PS.Motors im Caravan. Da dieses Modell aber werkseitig nicht entwickelt wurde – im Produktprogramm ist der 150-PS-Treibsatz nur für die Fließheck-Variante vorgesehen, übernimmt Irmscher diese Aufgabe.

Produktprogramm nicht vorgesehen. Aus diesem Grund konnte also der nur für den Astra GSi freigegebene Motor am Band nicht in den Caravan eingebaut werden. Das Projekt schien zu scheitern.

Die Lösung war einfach und naheliegend. Da Irmscher bereits den Vierliter-24-Ventiler-DOHC auf Basis des Sechszylinder-CiH für Opel entwickelt und schon zahlreiche Sonderserien für Opel gefertigt hatte, darunter Manta GSi Exclusiv sowie Ascona C Sprint und Kadett Sprint, rief man Günther Irmscher an und fragte, ob er den 150-PS-Vierventiler in den Astra Caravan einbauen könne. Die Zusage kam postwendend. Es seien zwar Tests notwendig, aber er sehe kein Problem.

Innerhalb von zwei Monaten steht der erste Prototyp. Obwohl man damals aus dem Werks-Fahrzeugpool problemlos einen Astra GSi bekommen kann, will in der Weihnachtspause 1992/93 jeder produktbegeisterte Marketing-Kollege (oder Kollegin) diesen Prototypen pilotieren. Das Interessante an diesem Fahrzeug – lackiert in Dolomitgrau – ist seine „unschuldige Optik" – Basis ist ein regulärer Astra Caravan Club 2.0 mit 115 PS. Statt aufpreispflichtiger Leichtmetallräder trägt dieser Pilotwagen sogar schnöde Stahlfelgen mit den Abdeckungen des Astra GT.

Obwohl schon der Club mit 115 PS leistungsmäßig für Kurzweil sorgen kann, ist das Vergnügen mit dem 150 PS starken Caravan 16V ein deutlich gesteigertes: 220 km/h auf der Autobahn mit einem profanen Kompakt-Kombi ist damals einfach eine echte Ansage! Denn obwohl zu diesem Zeitpunkt bereits der Wandel des Kombis von der gemütlichen Familienkutsche zum eher stylischen Allzweckmobil deutlich erkennbar ist, gibt es noch keinen Vorreiter, der einen kompakten Kombi mit einem Sportmotor kombiniert. In Folge wird dieser bei Irmscher gebaut und über Opel angeboten.

Weiter oben hingegen – beim Omega Caravan – hat Opel selbst schon gezeigt, dass ein leistungsstarker Kombi mit zurückhaltender Optik durchaus zum Publikumsliebling avancieren kann. Die Rede ist vom Omega 24V, den Opel ab Anfang der 90er mit dem neuentwickelten 3000 24V DOHC kombinierte, einem Triebwerk, das Opel geschickt auf Basis des bekannten CiH-Motors entwickelt hat. Während der offizielle Top-Motor im Senator 204 PS leistet, bringt er es im parallel angebotenen regulären Omega auf exakt 200 PS. Grund für diese Leistungsreduktion ist eine geänderte Abgasanlage. Im Fahrbetrieb ist der Unterschied kaum merkbar.

Wie zuvor erwähnt, beschäftigt die Entscheidungsfindung für einen neuen und standesgemäßen Top-Motor sowohl die Opel-Geschäftsführung als auch Irmscher schon vor der Einführung des Senator B im Sommer 1987 immer wieder. Im Kern geht es um die grundsätzliche Frage: mehr Hubraum oder mehr Zylinder? Mit der von Opel-Technik-Chef Friedrich W. Lohr getroffenen Entscheidung für einen 24-Ventiler mit zwei obenliegenden Nockenwellen, drei Litern Hubraum und 204 PS ist die Basis ab diesem Moment fixiert – mehr Hubraum wird es nur in Kombination mit Mehrventil-Technik geben, eine zeitgemäße Entscheidung. Schon beim Basis-Dreiliter-24-Ventiler zeigt sich in der Folge die Presse begeistert. Gleich im ersten Vergleichstest von *mot* deklassiert der Opel Konkurrent Mercedes 300 E 24. Zwar muss er sich dem Erstplatzierten BMW 535i geschlagen geben – kann aber dennoch auf ganzer Linie überzeugen.

Exklusiv: Vom Irmscher Senator werden 1200 Exemplare gebaut. Sie erhalten eine eigene Irmscher-Fahrgestellnummer.

Trotzdem wird Günther Irmscher nicht müde, der Opel-Entwicklung einen hubraumstärkeren Vierventiler vorzuschlagen. Dank des zweiventiligen 3,6-Liter-Triebwerk mit einem entsprechenden Erfahrungsschatz gesegnet, schwebt Irmscher sogar noch eine Stufe mehr vor: Ein Vierliter auf Basis des neuen Dreiliter-24V sei die Lösung. Das wird intensiv mit der Opel-Vorausentwicklung diskutiert. Dabei muss er allerdings nicht lange argumentieren, denn in Rüsselsheim hat man tatsächlich ebenfalls schon Überlegungen in diese Richtung angestellt. Letztlich wird das Projekt in enger Kooperation zwischen dem Rüsselsheimer Entwicklungszentrum und den Ingenieuren bei Irmscher in Remshalden realisiert.

Die Hubraumerweiterung wird in diesem Fall durch Vergrößerung von Bohrung und Hub erreicht: Eine neue, siebenfach gelagerte Schmiede-Kurbelwelle erlaubt die Verlängerung des Kolbenhubs um 18,2 auf 88 mm, die Bohrung beträgt nun 98 statt zuvor 95 Millimeter. So ändert sich der Charakter von einem stark kurzhubigen, eher drehzahlbezogenen zu einem drohmomentorientierteren Triebwerk. Damit wird neben ordentlicher Drehfreude eindeutig mehr Drehmoment bei niedrigeren Drehzahlen erreicht: 395 Nm bei 3200/min. Ein Vergleich zum ebenfalls vielgelobten Vierliter-Jaguar zeigt die Stärke des Irmscher-Aggregats. Beim englischen Kontrahenten liegen in der Spitze 369 Nm bei 3650/min an.

Der neuentwickelte Block sorgt für eine hohe Steifigkeit des auf 3983 cm^3 gewachsenen Sechszylinders. Das Ansaugsystem ist dem gestiegenen Gasdurchsatz angepasst, der Querschnitt der Ansaugrohre wächst von 37 auf 39 Millimeter, der Ventilhub um 0,5 Millimeter. Das Motor-Management von Zündung und Einspritzung übernimmt die zu jener Zeit fortschrittlichste Motorsteuerung von Bosch, die Motronic 1.5. Auf der Fahrwerkseite kommen straffere Gasdruckstoßdämpfer und 15 mm kürzere Federn mit progressiver Kennung zum Einsatz. Angepasste Bremsen und ein Sperrdifferential mit 46 Prozent Sperrwirkung sorgen für Kurven-Agilität und standesgemäße Verzögerungswerte.

Für den großen Durchbruch müsste Opel allerdings den mächtigen Sechszylinder als Top-Motorisierung offiziell anbieten. Günther Irmscher wendet sich an Vertriebsvorstand Georg Hehner, den PR-Vizepräsidenten von GM Europa Hans Wilhelm Gäb, sowie an Opel-PR-Vorstand Horst Borghs. Intensiv wird das Thema erörtert. Während PR den Vierliter als offiziellen Opel-Top-Treibsatz ausdrücklich forciert, bremst Marketing die Forderung nach einem leistungsstärkeren Top-Motor: Der Dreiliter-24V reiche aus, und Opel benötige als breit aufgestellte Volumenmarke keinen Vierliter mit 272 PS als „offizielles" Modell des Herstellers.

Man einigt sich darauf, dass Opel sich um Pressearbeit und Verkaufsliteratur kümmert, obwohl es bei der offiziellen Bezeichnung „Irmscher Senator 4.0 24V" bleibt. Eine Entscheidung, die von der Rüsselsheimer Öffentlichkeitsarbeit massiv kritisiert, letztlich aber vom Unternehmen so umgesetzt wird. Das europaweite PR-Team um Hans Wilhelm Gäb hatte stets für einen „Opel Senator 4.0 i" plädiert. In der Konsequenz erscheinen Omega – auch als Caravan – und Senator 4.0 24V mit dem Vierliter als Irmscher- und nicht als offizielle Opel-Modelle, was heute ihren Kultstatus allerdings noch verstärkt. Auch der Grundpreis von 99.700 Mark sorgt damals für einen sicheren Platz im High-End-Club.

Top-Modell des Top-Modells: Während der MV6 mit dem neuentwickelten Dreiliter-24-V-54-Grad-Sechszylinder und 211 PS die Spitze des Serienprogramms darstellt, steigert Irmscher die Leistung mit einer Turboversion zunächst auf 250 PS. Durch Feintuning am Turbosystem sind aber auch Leistungen bis 300 PS möglich. Ursprünglich geplant als Ersatz für den Senator 4.0, bleibt es beim Dreiliter-Turbo im Omega doch bei Einzelstücken.

Dennoch: Jeder Opel-Händler, der etwas auf sich hält, fährt damals einen Vierliter Außerdem übernehmen ausgewählte Opel-Händler den Vertrieb. Gegenüber dem schon serienmäßig recht ansehnlich ausgestatteten Senator 3.0 24V, der ab Werk mit Dekor aus poliertem Holz geliefert wird, gibt es den Senator 4.0 i auch mit eigens entwickelten Irmscher Leder-Komplettausstattung samt elektronischer Sitzsteuerung. Das Getriebe wird der höheren Leistung entsprechend verstärkt. Kunden erhalten für unter 100.000 Mark eine komplett ausgestattete, hochwertige Tourenlimousine – bis heute ist es das Opel-Topmodell!

Ein Irmscher-Grill ohne Opel-Emblem, ein komplettes Karosserie-Kit mit Front- und Heckstoßfänger sowie spezielle Leichtmetallräder gehören ebenfalls zum Angebot und machen den Senator 4.0 zu einem echten Geheimtipp für jene, die Understatement schätzen und sich nicht mit bekannten automobilen Statussymbolen schmücken wollen. Ein Rezept, das auch der Fachpresse gefällt. Von 1990 bis 1993 werden 1200 Fahrzeuge gebaut. Der Vierliter-Motor von Irmscher ist wohl eines der prominentesten Beispiele für eigene technische Entwicklungen.

ABENTEUER V8

Der Ausflug ans obere Ende der Leistungsskala mit der Konzeption des Senator 4.0 24V als Top-Modell – von dem *Auto Bild Klassik* im Jahre 2017 in einem Youngtimer-Vergleich als „Ideallösung für lange Hochgeschwindigkeits-Etappen" sprach – findet zehn Jahre später eine Fortsetzung: Wie bereits 1990 bedienen sich die Rüsselsheimer Ende 2000 nochmals der Irmscher-Dienste für die Entwicklung eines Spitzenautos, diesmal in Kooperation mit Steyr. Schon seit Längerem will man dem 1999 gelifteten Omega B (1994–2003) ein echtes Topmodell zur Seite stellen. Der Omega V8 soll den Achtzylinder aus der legendären Corvette erhalten.

Der Motor ist ein echter US-Klassiker, dessen ältere Ausführung bereits dem Diplomat Beine gemacht hatte. Die Implantation in den Omega droht jedoch ungleich aufwändiger zu werden. So wenden sich die Rüsselsheimer an den langjährigen Partner Irmscher. Der hatte zwar die eigene Entwicklung eines Omega B MV6 Turbo auf Basis des serienmäßigen Dreiliter-24V eingestellt, und auch dieses Triebwerk hätte in der Spitze ein Drehmoment von rund 400 Nm sowie eine Leistung um die 300 PS liefern können. Doch der prestigeträchtige Zusatz „V8" und die Gene der legendären Corvette sind es, die Opel den Achtzylinder forcieren lassen – und dann wird am Ende doch nichts daraus.

„Der Aufwand war erheblich", erinnert sich Günther Irmscher jr. Das einfache Verpflanzen der Technik kommt nicht in Frage und ist auch nicht möglich. Speziell das Auspuffsystem sowie die

Verbindungsstück: Der Irmscher GT i40 verbindet prinzipiell zwei US-Konzepte: Die Basis des Opel GT baut auf der des Pontiac Solstice auf, einem kleinen Softtop-Roadster, der auf das Engagement von Bob Lutz in seiner zweiten GM-Ära zurückgeht.

Legendär: In den GT i40 verpflanzt Irmscher den 6,2-Liter-OHV-V8 der Corvette C6. Während es die Corvette „nur" auf 460 PS bringt, entlockt Irmscher dem musealen Zweiventiler mit Stößelstangen glatte 480 PS.

Hinterachse und das Automatikgetriebe benötigen viel Aufmerksamkeit bei der Montage. Dazu kommt, dass sowohl das Getriebe als auch die Hinterachse vor zu hoher Wärmeentwicklung geschützt werden müssen. Allein die Montage des Motors und des Antriebsstrangs von unten samt Abstimmung verlangen den Spezialisten allerhand ab.

So ist in der damals aktuellen Corvette C5 (1997-2004) das Getriebe an der Hinterachse angeordnet (Transaxle), muss im Omega allerdings aus Platzgründen wieder nach vorn zum Motor rücken. Der lässt sich, entgegen der Angaben einer optimistischen Machbarkeitsstudie, auch nicht so ohne weiteres in den Omega-Motorraum einpflanzen. Die Spritzwand muss ebenso geändert werden wie Servolenkung und Ölwanne, der Small Block benötigt neu geformte Krümmer und einen modifizierten Antrieb für die Nebenaggregate.

Für die schnellen Autobahnfahrten dürfen es drehzahlfestere, stärkere Ventilfedern sein, und unter das Heck kommt die V8-gewohnte Hinterachse des Holden Commodore, in deren Differenzial eine völlig neue Kardanwelle mündet. Die Leistungsdaten wären jedenfalls imposant gewesen, wenn sie auch unter denen der damaligen Corvette gelegen hätten. Der „Über-Omega" mit dem legendären 5,7-l-V8 namens LS-1 leistet 310 PS und liefert ein maximales Drehmoment von 450 Nm.

Im Frühjahr 1999 ist von Opel erstmals offiziell vom neuen Topmodell zu hören, und Ende des Jahres fahren die ersten von wohl am Ende 32 Testwagen. Der Umbau ist zwar weitgehend gelungen, aber die US-Automatik schwächelt. Bei Dauerbelastung mit hohen Drehzahlen – Voraussetzung für einen Einsatz unter leistungsverwöhnten deutschen Kunden – wird das Getriebe heiß. Also bleibt immer noch allerhand zu tun –doch inzwischen naht das Ende der Baureihe, und schließlich lässt Opel das Projekt dann doch fallen. Die Ingenieure bei Opel wie bei Irmscher und natürlich die Fans, die sich bereits nach dem Boliden alter Schule gesehnt haben, trauern.

Kleine Serien mit starken Motoren bleiben die Spezialität von Irmscher in Remshalden, und trotz der Behandlung auch anderer Fabrikate bleibt doch Opel ein sehr wichtiger Partner. So feiert das Unternehmen seinen Vierzigsten im Jahr 2008 mit dem GT i40 V8. Es handelt sich nun um die erfolgreiche Verpflanzung der Corvette-Technik in den Opel GT – Parallelmodel des Pontiac Solstice und Saturn Sky aus dem GM-Angebot.

Mit einer Leistung von 480 PS (die Corvette hat 460), einer Spitze von 275 km/h und einer Beschleunigung von 4,2 Sekunden auf 100 km/h gehört der GT i40 V8 unbestritten zu den Schnellsten auf Deutschlands Autobahnen. Für die 20 Mehr-PS haben die Irmscher-Leute natürlich Hand angelegt, und Drehzahlen von bis zu 7000 sind für einen klassischen OHV-Motor dieser Größe eine echte Ansage. Die Kraft überträgt ein handgeschaltetes 6-Gang-Getriebe.

Expressiv: iS3 „Bandit“ nennt sich ein Insignia Sports Tourer, den Irmscher aufbaut. Besonderheit ist ein auf 380 PS gesteigerter Turbo V6.

Impressiv: Farbgestaltung und spezielle Irmscher-Leichtmetallräder geben dem iS3 „Bandit“ eine unübersehbare Optik.

Dass Irmscher die Konzeption von exklusiven, klassischen und großen Komfort-Fahrzeugen mit Leistungssteigerung seit den Tagen des Senator 4.0 24V nicht verlernt hat, dokumentiert in der jüngeren Vergangenheit der Insignia iS3 „Bandit“, den Irmscher in Zusammenarbeit mit dem Autohaus Köstner in Neustadt/Aisch auf die Beine stellt. Bei diesem ganz besonderen Powerpaket handelt sich um einen neuen umfangreichen Maßanzug für den Opel Insignia ST mit veränderter Technik. Geplant als Kleinserie, wird das Sondermodell auf der IAA in Frankfurt 2015 präsentiert und ist ausschließlich als Kombi Sports Tourer lieferbar.

Modifikationen im Bereich des Turboladers, der Kühlung sowie dem Ansaug- und Abgastrakt machen es möglich: Das optimierte OPC-V6-Triebwerk spricht mit 380 PS Leistung und einem maximalen Drehmoment von 600 Nm ein leistungsmäßig anspruchsvolles Publikum an. Äußerlich an speziellen Felgen des Formats 8,5 x 20 Zoll erkennbar, sind Fahrwerk und Bremsanlage selbstverständlich speziell abgestimmt. Irmscher-typisch sind zahlreiche Veredelungen im Innenraum bestellbar. Der Kunde hat aber auch die Wahl, sein eigenes Fahrzeug mit einem nachträglichen Umbausatz zu individualisieren.

Body Building: Kreuzspeichen-Felgen, Front- und Heckschürzen, Schwellerleisten und ein Heckspoiler sind die Zutaten des Vectra Body Kits, den Irmscher für Stufen- und Fließheck-Modelle anbietet. Darüber hinaus entwickelt Irmscher zwei spezielle Modelle mit verschiedenen Zutaten und klangvollen Städtenamen.

IDEEN FÜR VECTRA UND CALIBRA: VENEDIG UND DTM LASSEN GRÜSSEN

Ende der 80 Jahre ist nicht nur die Zeit der hochmotorisierten Oberklasse: Irmscher kümmert sich parallel auch weiter ums Volumengeschäft und widmet sich dem Vectra A. Obwohl seit seiner Vorstellung 1988 äußerst erfolgreich, nähert sich der Ascona-Nachfolger 1991 bereits dem Zenit des Lebenszyklus. Während das vom Werk vorgesehene Facelift erst zum Modelljahr 1993 kommt, sieht Irmscher – folgerichtig – die Chance für einen Vectra im Irmscher-Style. Sein Name: Vectra Venice.

Lieferbar mit einem kompletten Karosserie-Kit, bestehend aus Front- und Heckstoßfänger, speziellem Grill, wahlweise verschiedenen Leichtmetallrädern (Kreuzspeichen-, Speichen- oder Stern-Design in 14, 15 oder 16 Zoll), Leder-Sportlenkrad, Doppelscheinwerfer und Heckspoiler. So wirkt der Vectra, den es werkseitig zu jener Zeit nur als viertürige Limousine und fünftüriges Fließheck-Modell gibt, besonders elegant. Dabei kann der Kunde aus dem Irmscher-Angebot frei wählen und sich seinen persönlichen Venice zusammenstellen. Ebenfalls im Angebot sind ein Leistungskit für den Zweiliter-Familie-II-Motor sowie Sport-Auspuffanlagen.

Opel greift auch bei den Coupé-Modellen nach wie vor auf die Kompetenz Irmschers zurück. So entwickelt und fertigt das Unternehmen unter anderem die Calibra-Sondermodelle „Keke Rosberg" und „Final Edition". Die DTM Edition etwa ist sportlich ausgelegt mit breiteren Leichtmetallrädern in DTM-Optik, tiefergelegter Karosserie und DTM-Schriftzügen. Als Turbo 4x4 kostet so etwas 59.775 Mark. Neben dem Turbo sind aber auch alle anderen Triebwerke des Calibra bestellbar.

Gleiches Rezept: Dem Beispiel des Vectra folgend, kreiert Irmscher für den Calibra die Modelle Atlantic und Sydney, wieder mit speziellen Rädern, Schürzen und Leisten.

Rein Weiß: Das Sondermodell Keke Rosberg wird grundsätzlich in Weiß produziert. Jeder dieser Calibra erhält eine spezielle Plakette mit Rosberg-Unterschrift.

Im April 1996 feiert das Sondermodell Calibra „Cliff Motorsport Edition“ Premiere. Anlass sind die Erfolge von Opel mit dem 470 PS starken Calibra in der DTM (Deutsche Tourenwagen Meisterschaft) 1994 und 1995 sowie in der ITC (International Touring Car Championship) 1996. Prägnant sind die geänderte Frontschürze mit zusätzlichen Lufteinlässen, eine modifizierte Heckschürze und lackierte Seitenleisten. Dazu kommen Klimaanlage und ein Irmscher-Paket mit 16-Zoll-BBS-Leichtmetallrädern und einem um 30 mm tieferliegenden Sportfahrwerk. Ein casablancaweißes Sondermodell zu Ehren von F1-Weltmeister Rosberg erscheint 1995.

Die letzten limitierten Exemplare mit der Bezeichnung Calibra „Last Edition“ kommen im März 1997 auf den Markt. Lieferbar sind der 2,0-16V- sowie der überarbeitete 2,5-l-V6-Motor (X25XE mit besseren Abgaswerten). Der „Last Edition“ weist zahlreiche Details der vorangegangenen Editionen auf. Spitzenmodell ist der 2.5 V6 zu einem Preis von 55.800 D-Mark.

Eine besonders exquisite Rolle spielt der Calibra „Targa“: Auf Basis des regulären Coupés zaubert Irmscher einen Prototyp mit herausnehmbarem Dach-Mittelteil auf die Zeichenbretter und nutzt die IAA 1993 für eine gelungene Präsentation. Obwohl kommerziell für Irmscher nicht wirklich wichtig, zeigt er die Bandbreite der Möglichkeiten und belegt, dass Irmscher auch anspruchsvollste Varianten entwickeln kann. Heute ebenfalls Klassiker mit Seltenheitswert ist der Calibra „Sydney“, eine dank markanter Kotflügelverbreitungen „Breitbau“-Variante, die 1994 kurz vor Umstellung auf die Facelift-Version erscheint.

Luft nach oben: Dass Irmscher viel mehr kann als nur perfektes optisches und technisches Tuning, belegt der 1993 auf der IAA vorgestellte Calibra mit herausnehmbarem Dachteil aus Kunststoff. Kein Mittelsteg, der stören könnte – einfach nur freie Sicht. Es werden zwei Prototypen gebaut.

Top-Modell: Der Irmscher i500 markiert die Spitze des Vectra-B-Modellprogramms. Erstmals ist der Vectra auch als Caravan (rechts) lieferbar – die Bezeichnung Sports Tourer ist noch nicht erfunden. Die Limousine des i500 ziert ein umfangreicher Karosserie-Kit.

ENDE 1997: DER VECTRA i500 KOMMT

Mehr Optik, aber auch gesteigerte Leistung bietet der Vectra i500, den Irmscher als Limousine und Caravan im Opel-Auftrag auflegt. Der Vectra B präsentiert sich dabei als ein echter „Wolf im Schafspelz“ mit dezenten optischen Maßnahmen und reizvollen BBS-Leichtmetallrädern. Besonderheit ist ein von 170 auf 195 PS leistungsgesteigerter 2,5-Liter-V6, der den i500 in unter 8 Sekunden auf 100 km/h beschleunigt. Die Spitze liegt bei 235 km/h. Äußerlich fallen die komplett neue Frontschürze, Seitenschweller, Heckspoiler sowie ein um rund zwei Zentimeter tiefergelegtes Fahrwerk auf. Im Innenraum kommen titanfarbene Intarsien sowie das Irmscher Sportlenkrad zum Einsatz.

Brokatgelb heißt die Sonderfarbe für das Modell, vor dem Facelift im März 1999 kommt Lack mit der Bezeichnung „Kupfer“ – beides sehr bekannte und beliebte Töne. Der i500 fungiert gleichzeitig als Basismodell für den Super-Tourenwagen-Cup STW. In England wird das fast baugleiche Fahrzeug als Super Touring sehr erfolgreich verkauft. Bis zur Einstellung im August 2000 entstehen 2000 Einheiten – ein stolzes Ergebnis für eine Sonderserie, die ursprünglich in einer Auflage von 500 Einheiten geplant war.

Ein weiteres erfolgreiches Modell für die Serie in Opel-Auftrag ist der Vectra B „Sport“ der ersten Serie. Für ihn fertigt Irmscher spezielle Twinspoke-Felgen. Dazu kommen Details im Innenraum. Rund 25.000 Fahrzeuge produziert Irmscher von diesem Typ als Limousine und Caravan am Standort Remshalden.

EIN VECTRA ZUM DREISSIGSTEN

Darüber hinaus legt Irmscher aus Anlass des 30. Firmengeburtstags 1998 einen Vectra i30 auf. Exakt 30 Stück sind geplant und werden zu einem selbstbewusst kalkulierten Preis von 90.000 Mark verkauft. Wie der Name andeutet, ist der Vectra i30 mit einem 3,0-V6 (X30XEI) mit 220 PS ausgerüstet. Innen unterstreicht er seine besondere Position mit einem exklusiven Komplett-Leder-Interieur. Bis auf den Grill ohne Opel-Logo und die 17 Zoll großen Irmscher-Twin-Spoke-Aluräder sieht der i30 dem i500 zum Verwechseln ähnlich.

Außer den i30 Caravan werden auch zwei Limousinen gefertigt, darunter ein Versuchsfahrzeug von 1996, das zuerst als Basis für den i500 dient. Ferner gibt es ein Fahrzeug in Starsilber, „IS3“ genannt. Es dient als Showcar für die Essen Motor Show und hat 18 Zoll große Räder.

Wahl-Modell: Das Omega-Sondermodell Cecotto kommt 2001 auf den Markt und ist sowohl als Limousine als auch als Caravan lieferbar. Obwohl Irmscher für den 54-Grad-V6 auch Leistungssteigerungen bis 300 PS anbietet, kommt die Cecotto-Edition mit dem serienmäßigen 3,2 Liter-Motor.

In den 90er und den folgenden Jahren gibt es immer mehr Anfragen von Herstellern, die nicht zu GM gehören. Selbstverständlich steht die Zusammenarbeit mit Opel nicht zur Disposition. Doch muss auch Irmscher – nach Gründung von Opels Division „Opel Special Vehicles" – über eine dauerhafte Auslastung des eigenen Unternehmens nachdenken. Die Vielfalt, die Irmscher für Opel bietet, erreicht zu diesem Zeitpunkt einen Höhepunkt.

Irmscher entwickelt systematisch weiter und bringt 2001 das Sondermodell Omega Cecotto auf den Markt. Neben Karosserie-Modifikationen und besonderen Leichtmetallrädern bietet es ein spezielles Lederinterieur. Auch einen Turbo baut Irmscher für den Omega MV 6 auf. Statt der serienmäßigen 211 PS holt Irmscher standesgemäße 260 Pferde heraus. Doch der Omega befindet sich Anfang der 2000er bereits auf dem Rückzug in Richtung Altenteil. Opel will künftig das High-End-Geschäft ausschließlich mit dem Vectra und dem neuen Signum bestreiten – damit verliert Opel endgültig seine Rolle in der gehobenen Klasse. Notgedrungen konzentriert sich Irmscher bei den größeren Modellen von nun an ebenfalls auf Vectra und Signum, bis 2008 der Insignia auf den Markt kommt.

WER „B" SAGT, MUSS AUCH „C" SAGEN – KOMPRESSOR-MODELL ZUM FÜNFUNDDREISSIGSTEN

Wer gedacht hatte, Irmscher ließe es mit dem i30 bewenden, der muss sich ab 2002 mit dem Vetra C eines Besseren belehren lassen: Erstmals lädt der Motorenspezialist aus Remshalden den 3,2 Liter großen V6 per Kompressor auf und entlockt dem braven Serien-Aggregat nun knackige 302 statt der serienmäßigen 218 PS. 284 km/h misst *Auto Bild* bei einem Einzeltest des Vectra C GTS mit diesem Treibsatz.

Für alle GTS, Caravan und Signum bietet Irmscher aus Anlass des 35-jährigen Firmenbestehens ab 2003 mit dem i35 den bis dato schnellsten Irmscher-Opel aller Zeiten an. Unter der Motorhaube arbeitet der zuvor erwähnte Kompressormotor mit einem maximalen Drehmoment von 370 Nm. Bei Testfahrten im Opel-Testzentrum in Dudenhofen bei Hanau erreichen i35-Modelle regelmäßig Spitzengeschwindigkeiten von 300 km/h

Damit die Motorleistung auch effektiv kontrolliert werden kann, haben die i35 eine eigens entwickelte vergrößerte Bremsanlage

Vertreter der neuen Opel-Generation: Den Vectra kann man 1998 auch als i30 mit Drei-Liter-Motor ordern. Diese Jubiläums-Variante zu 30 Jahren Irmscher blieb dem Caravan vorbehalten.

Coupéhaft: Auch der Vectra GTS – das sportliche Fastback mit 5 Türen – ist zu dieser Zeit im Irmscher-Trim verfügbar. Schürzen, Schwellerleisten und Grill sind Besonderheiten dieses i35.

Cross-Over: Noch bevor dieser Begriff offiziell erfunden ist, liefert Opel mit dem Signum eine Kombination von Touren-Limousine, Schrägheck-Modell und Kombi. Auch den Signum kann man im i35-Trim bekommen.

an Bord. Äußerlich fallen die Leichtmetallräder Sport Star (18 Zoll, oder aber 20-zöllige Evo Star) auf. Hinzu kommt ein passend abgestimmtes Sportfahrwerk. Für die entsprechende Klang-Untermalung rüstet Irmscher eine spezielle Vier-Rohr-Auspuffanlage mit rechteckigen Endrohren aus.

Das besonders hochwertige Interieur wird als edle Besonderheit gekrönt von einer Irmscher-Komplettlederausstattung aus genarbtem Rindsnappa. Optimalen Seitenhalt garantieren die vorderen Sportsitze. Standesgemäß pilotiert der Fahrer des i35 seinen Vectra oder Signum mit einem Leder-Multifunktionslenkrad. Exklusive Details sind platinfarbene Elemente im Lenkkranz sowie an den Speichen. Passend dazu sind Schaltknauf und Handbremshebelgriff im Granit-Look. Mattierte Edelstahl-Einstiegsverkleidungen sowie die matten Aluminium-Türknöpfe komplettieren die Innenausstattung. Eine nummerierte i35-Plakette unterstreicht die Besonderheit des Modells.

Ferner bietet Irmscher einen Nachfolger des i500 auf Basis des Vectra C 2003 an. Frontschürze, Heckflügel, Seitenschweller und Kühlergrill sind komplett neu gestaltet, außerdem werden die Abgasführung und die Kat-Ansteuerung optimiert.

VOLLES PROGRAMM AUCH BEI KADETT UND ASTRA

Neben dem sportlichen Manta, den Mittelklassemodelle wie Ascona und Vectra sowie der Oberklasse mit Senator und Omega sind traditionell auch die kleineren Opel-Modelle bei Irmscher stets in besten Händen. Kadett und später Astra werden immer weiter verfeinert. Standen beim Kadett C – vor allem durch die Rallye- und GT/E-Modelle – sportliche Optimierung und klassisches Motortuning im Vordergrund, kommt mit den letzten Kadett-Modellen D und E vor allem die optische Individualisierung hinzu. Selbstverständlich geht die optische Verfeinerung ab 1991 nahtlos weiter.

TRAMP ALS TRENDSETTER

Schon sehr früh erweist sich Irmscher als echter Trend-Scout: Bereits Anfang der 80er Jahre stellt er eine auf dem 1979 präsentierten Kadett D basierende Freizeit-Version unter dem Titel „Tramp“ vor. Der Tramp ist immer ein Caravan und bietet ein höhergelegtes Fahrwerk mit Kotflügelverbreiterungen, Sperrdifferenzial, manuelle Niveauregulierung, Dachwanne mit Abdeckplane, Steinschlagschutz für die Ölwanne sowie spezielle Stoßfänger. Hinzu kommen folgende aufpreispflichtige Sonderausstattungen: elektrische Seilwinde, Dachscheinwerfer, Recaro-Sitze und Sportlenkrad sowie Leichtmetallräder. Irmscher kreiert damit ein echtes Freizeitfahrzeug und nimmt sehr früh einen Trend vorweg. Einziges vergleichbares Fahrzeug auf dem Markt der damaligen Zeit ist der 1977 präsentierte Talbot-Matra Rancho, der auf dem Simca 1100 basiert. Irmscher ist damit Vorreiter einer Idee, der erst Jahre später der VW Golf Country folgt.

Doch eines nach dem anderen: Besonders harmonisch wirkt zunächst das Junior-Line-Programm für den Kadett E. Spezielle Front- und Heckschürzen, Schwellerverkleidungen, Leichtmetallräder, Sportlenkräder und Auspuffanlagen runden das Programm ab. Ähnliche Programme legt Irmscher später für die Astra-Serien bis heute auf. Dazu kommen für den Astra J ab 2009 auch Leistungs-Steigerungs-Kits für fast alle Benzin- und Dieselmotoren. Chip-Tuning macht es möglich – inzwischen ersetzen modifizierte Motorsteuerungen das bisherige Tuning mit geänderter Hardware.

Für jeden Geschmack: Ob als erstes Freizeit-Modell Kadett Tramp (oben), als Kadett E (Bild links außen als Irmscher Breitbau mit Miss Belgien), Astra F im i-Line-Design oder als Astra Twenty-Five – Irmscher liefert jeweils das passende Modell.

Ab dem Jahr 1993 wird die Kooperation zwischen dem Opel-Bereich Aftersales und Irmscher noch enger und es entsteht die Irmscher-Marke Opel i Line, die von Opel zusätzlich zur Irmscher Line vermarktet wird. Wie schon bei Kadett und dem ersten Astra des Baumusters F liefert Irmscher für den G jede Menge spezieller Karosserieteile und Leichtmetallräder.

Auch Irmscher-Sondermodelle dürfen nicht fehlen: So ergänzen die Modelle „Pacific“ und „Twenty Five“ – aus Anlass des 25-jährigen Irmscher-Jubiläums 1993 das Angebot. Kennzeichen sind erneut spezielle Karosserie-Kits sowie individuelle Leichtmetallräder.

Sportschau: Den Erfolg von Opels DTM-Einsatz zu Beginn des neuen Jahrtausends nimmt Irmscher zum Anlass, die Irmscher Coupé DTM-Edition zu entwickeln. Kernelemente sind verbreiterte Front- und Heckschürze, Schwellerleisten, Leichtmetallräder und Spoiler. Während die Wettbewerbsfahrzeuge mit Vierliter-V8-Triebwerken und 460 PS Leistung bei der DTM antreten, ist der Zweiliter-Turbo mit 200 PS der Top-Motor der straßentauglichen DTM-Edition.

Ab 1998 folgt mit dem Astra G die neue Generation. Die zwei Jahre später lieferbare Coupé-Version sorgt wieder für ein sportliches Auftreten der Marke in diesem Segment, wie man es seit dem C-Kadett vermisste. Das Astra Coupé wird in Grugliasco Turin, Italien, von Bertone gefertigt. Das Engagement von Opel in der neuen DTM 2000, bei der allein neun der neuen Coupés an den Start gehen, sorgt für Aufmerksamkeit: Die Dank Reglement mit 460 PS starken 4,0-Liter-V8 ausgerüsteten Boliden sichern der Marke in der Premierensaison acht Laufsiege und die Vizemeisterschaft für Manuel Reuter. Passen dazu kommt von Irmscher eine DTM-Edition mit großformatigen Leichtmetallfelgen (8J x 18) im Sport-Star-Design sowie umfangreichen Verbreiterungen und Veränderungen der Karosserie-Anbauteile. Außerdem ergänzt Irmscher sein Portfolio mit den Selection-Versionen iS1, iS2 und iS3 mit speziellen Karosserie-Details, Dachspoiler, Heckschürze, Heckspoiler, Spoiler-Stoßstange, Schwellerleisten, Grill-Einsatz, Twinspoke-Felgen und Alu-Dekor im Innenraum. Die Irmscher Selection bietet auch die Möglichkeit, den Kombi Caravan optisch veredeln zu lassen, ein Segment, das immer wichtiger wird.

Dazu kommt der Astra G „Bayern München" – ein Sondermodell, das aus Anlass des Opel-Sponsorings des FC Bayern München aufgelegt wird. Dieses Modell gibt es ausschließlich in Rot und mit verschiedenen Applikationen wie Logos auf Schalt- und Handbremshebel, Auspuffblende, Schlüsselanhänger sowie Edelstahleinstiegsleisten.

CARAVAN-TREND

Auch Klaus Leydecker und Brigitte Kroll-Thaller, in den 90er und frühen 2000er Jahren bei Opel für Produktstrategien und Modell-Linien europaweit verantwortlich, bestätigen den Nutzen der Irmscher-Organisation: „Wenn wir auch immer zuerst versucht haben, eine Werkslösung zu entwickeln, so war doch Irmscher oft die einzige Möglichkeit, schnell eine individuelle optische oder technische Lösung zu finden." Sowohl der Astra Caravan 16V als auch der nie offiziell angebotene Astra 2.5 V6 sind Leydecker noch in lebhafter Erinnerung: „Mit dem Zwei-Liter-16V im Astra Caravan hatte Opel durch Irmscher-Hilfe den ersten wirklich leistungsstarken Sport-Kombi im Kompakt-Segment im Angebot." Und Brigitte Kroll-Thaller ergänzt: „Das war die Zeit, in der die Anteile der Kombis ständig stiegen und wir mit unseren Caravan-Modellen zu den Gewinnern im Markt zählten." Der Caravan 2.0 16V, da sind alle Beteiligten der damaligen Zeit sicher, sei eine strategisch gelungene Maßnahme während der Einführung des neuen Volkswagen Golf Variant gewesen, dessen erklärtes Ziel es war, ein großes Stück vom Segmentführer Opel Astra Caravan zu erobern.

„Der Astra 2.5 V6 hingegen lief zwar schön", erinnert sich Leydecker, „aber es war bereits zu dieser Zeit die Frage, ob sich Sechszylinder im Kompaktsegment und sogar in höheren Klassen dauerhaft halten können." Während auch die Stückzahlen des Golf VR6 auf niedrigem Niveau verharrten, entschied man sich bei Opel dafür, den 2.5 V6 im Astra nicht anzubieten – zum Leidwesen des dafür kämpfenden Produktmanagers (gleichzeitig Autor dieses Buches, Anm. d. Redaktion). Heute steht fest: Sechszylinder spielen im Kompakt-Segment keine Rolle mehr und sind auch im Mittelklasse-Bereich eher auf dem Rückzug. Effiziente neue Vierzylinder-Turbo-Triebwerke liefern jetzt teilweise mehr Leistung, höheres Drehmoment und verbrauchen dabei weniger.

Show Business: Orange ist damals die Sondermodell-Farbe der Irmscher Selection des Astra GTC zum Modellstart im Jahre 2004 (links). Wahlweise gibt es den GTC im Irmscher-Look auch in anderen Farben (oben rechts).

Rückblickend kann man sagen, dass sich die Astra-Generationen F und G für Irmscher zu einem weltweiten Riesenerfolg entwickelten. Diesen großen Erwartungen stellt sich ab 2004 der neue Astra H, der die Legende fortsetzt. Hier bietet Irmscher den Astra GTC Pure an: Besonderheit ist die Sport-Star-Leichtmetallfelge in trendigem Schwarz. Dazu kommt eine neue Irmscher Selection in auffälligem Orange in einer Auflage von 50 Einheiten.

Vom Astra J fertigt Irmscher den GTC i1400. Besonderheit ist eine Leistungssteigerung des 1,4-Liter-Motors um 30 auf 170 PS sowie ein kompletter Exterieur-Umbau. Auflage: 100 Stück.

Beim seit 2015 gebauten Astra K heißt die Irmscher Selection „IS3". Natürlich besteht für Astra-Enthusiasten auch die Möglichkeit, das aktuelle Modell mit allerhand Irmscher-Spezialitäten zu individualisieren. Dazu gehören Grilleinsätze, Schwellerleisten, Spoilerlippen, Spoiler-Stoßstangen, Dachspoiler, Dekor-Applikationen, wahlweise in Carbon-Optik, Leichtmetallräder sowie Kits zur Leistungssteigerung, etwa von 136 auf 156 PS beim 1.6 Diesel sowie von 200 auf 230 PS beim 1,6-Liter-Turbo-Benziner. Wieder ein komplettes Programm.

Für die Astra J Baureihe bietet Irmscher ein komplettes Umrüstungsprogramm, hier auf der Rennstrecke Oschersleben. Von der Limousine entsteht unter anderem ein Sondermodell für den chineischen Markt, das dort allerdings als Buick Excelle vermarktet wird.

Neue Leistungsstufe: Für den neuen Astra des Baumusters K entwickelt Irmscher eine eigene iS3-Version. Wahlweise ist er als Zweiliter-Turbo-Benziner mit 230 (statt 200) PS sowie als 156-PS-Diesel (statt 136 PS) im Angebot.

KLEIN ABER FEIN: DIE BAUREIHE CORSA

Die Corsa-Historie beginnt im Jahr 1982, als die Modellgeneration A – nach Kadett D (1979) und Ascona C (1981) als drittes frontangetriebenes Modell – das Opel-Portfolio nach unten abrundet. Zu der Zeit haben VW Polo und Audi 50 sowie der erste Ford Fiesta dieses Marktsegment fest im Griff. Aber der neue kleine Rüsselsheimer gewinnt schnell an Popularität, besonders bei der jungen Kundschaft.

Genau hier setzt Irmscher an: Der schicke Corsa A Spider ist ein echtes Kooperationsprodukt: dreitürige Corsa A ohne Heckklappe und hintere Einbauten werden direkt vom Opel-Werk Saragossa nach Remshalden geliefert, wo Irmscher sie zum Spider umbaut. Von dem kleinsten bügellosen Cabrio entstehen rund 1500 Stück. Später kommen noch Versionen mit Faltdächern dazu, die vor-

Werks-Auftrag: Ab 1988 markiert der GSi die Spitze des serienmäßigen Corsa-Angebots. Irmscher übernimmt im Werksauftrag die Umrüstung dieses Modells auf Katalysator.

Jugendprogramm: Für den Corsa A entwickelt Irmscher eine Version mit elektrischem Faltdach sowie den Corsa Spider mit umfangreichen Individualisierungsmöglichkeiten.

JOY FÜR JUNGE KUNDEN

Die Joy-Versionen sind eine der ersten Maßnahmen von Opel in den späten 80er Jahren, jüngere Kunden (und vor allem Kundinnen) mit speziellen Farbthemen im Innenraum – auch abgestimmt auf den Lack – anzusprechen: Bedienelemente, Sitzbezüge und andere Details leuchteten in fröhlichem Rot oder blassem Gelb, ganz der Mode der Zeit entsprechend.

Ebenfalls einer Mode der Zeit entspricht der Corsa Steffi Special, den Opel – mit Hilfe von Irmscher im Jahre 1987 auflegt. Es ist die Phase der großen Tennis-Begeisterung, und der große Star neben Boris Becker heißt Steffi Graf. Entsprechend ist das Auto in passendem Weiß mit entsprechenden Schriftzügen und Dekor gehalten. Brigitte Kroll-Thaller, damals im Produkt-Management verantwortlich für den Corsa sowie auch für Marktforschung, erinnert sich: „Der Corsa Steffi Special war das perfekte Auto für junge Frauen – und viele damals waren von Steffi Graf begeistert."

Stars unter sich: Der Corsa Steffi Special markiert den Start des professionellen Sport-Sponsoring in der deutschen Automobilindustrie. Steffi Graf ist der erste Tennisstar, den Opel unter Vertrag nimmt.

Start frei für den Corsa Sprint: Im Gegensatz zu den serienmäßigen 70 PS kitzelt Irmscher 83 PS aus dem 1,3-Liter OHC-Triebwerk, auf Wunsch garniert mit allerlei optischem Beiwerk. Es handelt sich um den kleinsten Einspritzer der damaligen Zeit.

nehmlich in Verbindung mit den Joy-Ausstattungen bestellt werden können. Um hier die Fahrzeuge schnell und effizient umrüsten zu können, errichtet Irmscher schon bald ein entsprechendes Werk gleich bei der Corsa-Produktion in Saragossa , wo ab dann die Spider entstehen sowie Um- und Einbauten direkt vor Ort geschehen, ein Beispiel: Faltdächer.

Faltdächer sind zu dieser Zeit nämlich wieder groß in Mode. Opel hatte diesen Trend bereits frühzeitig erkannt und gezielt an junge und jung gebliebene Frauen vermarktet, was sich auch in der Gestaltung der Kunden-Kommunikation und Verkaufsliteratur niederschlägt. Zur selben Zeit entsteht bei Irmscher der Corsa A Sprint, Basismodell für den Motorsport mit 83 PS, wahlweise als Schmal- und Breitbau.

In der B-Generation (ab 1993) entstehen bei Irmscher neben allen Faltdach-Varianten zudem die Sondermodelle „Cappucino", „Vogue" und erneut „Fun". Der „Cappucino" ist übrigens das Ergebnis einer Kooperation der Adam Opel AG mit Nescafé. Opel gelingt es, dass Nescafé-Werbeikone „Angelo" erstmals mit einem Auto im Fernsehen auftritt – eben dem Corsa Cappucino.

Im Herbst 2000 kommt der Corsa C auf den Markt, für den Irmscher die Produktion verschiedener Sondermodelle, unter anderem Young- und Sportsline sowie erneut aller Modelle mit Faltschiebedach übernimmt. Beim Corsa D ab Spätsommer 2006 kümmert Irmscher sich um die Sport-Edition und fertigt das Modell „iS1".

Fester Programmbestandteil: Für alle Corsa-Generationen bietet Irmscher im Rahmen der i-Line-Serie optisches Tuning für jeden Geschmack an. Neben der B-Ausführung (obere Reihe), gibt es eine Ausführung des Corsa C in Anlehnung an den Rallye-Einsatz. Der rechts daneben gezeigte Corsa D präsentiert das umfangreiche Teileangebot von Irmscher.

FIAT
irmscher

DIE IRMSCHER-STORY TEIL 2

AUFBRUCH ZU NEUEN UFERN

DIE ZAHLREICHEN AKTIVITÄTEN FÜR OPEL UND DER GUTE RUF DER IN REMSHALDEN GELEISTETEN ARBEIT LASSEN BEREITS ANFANG DER 90ER JAHRE ANDERE HERSTELLER AUSSERHALB DES GM-IMPERIUMS ANFRAGEN.

SAFRANE UND BACCARA

Ein wesentliches Projekt ist die Veredelung des Renault Safrane Biturbo Baccara. „Wir konzentrierten uns bei diesem Modell auf Veredelungsmaßnahmen im Innenraum und auf das Karosserie-Kit", weiß Günther Irmscher jr. heute zu berichten. Der Biturbo-Motor wurde bei diesem Projekt von BMW-Tuner Hartge zugeliefert. So entstehen Mitte der 90er Jahre exakt 640 Einheiten des Safrane Biturbo Baccara mit dem 267 PS starken Zweiliter, dessen Höchstgeschwindigkeit bei 250 km/h abgeregelt ist.

Aber auch dem regulären Safrane Baccara mit V6-Triebwerk nimmt sich Irmscher an und sorgt dafür, dass sich einige tausend Besitzer eines solchen Fahrzeugs über ein Upgrade freuen dürfen.

Renault Safrane Biturbo 1993: Serienmäßig verfügt das 3,0-Liter-V6-Triebwerk über 268 PS. Dem hohen Anspruch des Fahrzeugs entsprechend sind unter anderem ein permanenter Allradantrieb mit Visco-Kupplung und ein adaptives Fahrwerk mit an Bord.

DER WARTBURG „NEW LINE“

Eine ganz besondere Verbindung zur (ehemaligen) DDR hat Irmscher nach dem Start einer Kooperation zwischen Opel und der Marke Wartburg. Von den Automobilwerken Eisenach hatte Irmscher den Auftrag erhalten, geplante 15.000 Einheiten des Wartburg 1.3 mit speziellen Leichtmetallrädern und weiteren Details optisch zu „renovieren“. Beim Wartburg 1.3 handelt es sich um eine überarbeitete Version des seit 1966 mit Dreizylinder-Zweitakt-Motor vom Band laufenden Modells 353. Ab dem Jahre 1988 war der Wartburg mit einem 1.3-Liter-Vierzylinder aus dem VW Polo ausgerüstet worden. Aufgrund des hohen Aufwands, dieses Triebwerk in den Vorderbau des 353 zu implantieren, hatte die Staatsführung der DDR Mitte der 80er Jahre beschlossen, auf weitere größere Facelift-Maßnahmen und Änderungen im Innenraum zu verzichten. Schon zwischen Maueröffnung und Wiedervereinigung – vor der Opel-Übernahme – hatte die DDR über verschiedene Wartburg-Modifikationen nachgedacht. Aber erst nach der Opel-Übernahme 1990 wurde das Thema auch für Irmscher interessant.

Wie verspricht der Verkaufsprospekt so schön: *„Wartburg New Line – mit Katalysator“: Neu, sportlich und voll im Trend – der Wartburg New Line, Design by Irmscher. Mit dem renommierten Automobil-Veredler Irmscher aus dem schwäbischen Remshalden bei Stuttgart entwickelten wir in intensiver Zusammenarbeit das komplett neue Design-Konzept für den sportlich-individuellen Wartburg. Der Wartburg präsentiert sich im Irmscher-Look: Die Spoiler-Stoßstange und die Heckschürze mit integriertem Stoßfänger sind in schwarz lackiert. Die gesamte Seitenlinie des Fahrzeugs ist mit einer schwarz gehaltenen Design-Lackierung veredelt. Für die Abrundung des Fahrzeug-Hecks sorgt der dreiteilige-Heckspoiler in Wagenfarbe sowie die Heckblende mit Kennzeichenbeleuchtung.*

Sportliche Optimierung bringt das Fahrwerk, das die Karosserie um 25 Millimeter tieferlegt und so das Fahrwerk durch den tieferen Schwerpunkt günstig beeinflusst. Darauf abgestimmt sind die Leichtmetallfelgen im Touring-Design 6x14 mit Niederquerschnitt-Bereifung 185/60 HR 14. Sie ziehen nicht nur optisch alle Blicke auf sich, sondern ihr geringes Gewicht fördert zudem die Laufruhe, erhöht den Fahrbahnkontakt und damit die Fahrsicherheit.“

Klar ist: Die Bezeichnung „New Line“ soll dem in Ehren ergrauten Wartburg neues Verkaufsleben einhauchen. Waren 1989 – nach Umstellung auf den 1.3-Liter-Motor – noch über 70.000 Einheiten des Wartburgs produziert worden, sind es ein Jahr später nur noch rund 63.000, also rund zehn Prozent weniger. Im Jahre 1991 sind es dann nur noch 7200 Exemplare, als am 10. April jenes Jahres der letzte Produktionstag endet. Im Vorfeld hatten sich zwar viele Hersteller für Personal der Automobilwerke Eisenach interessiert, jedoch keiner für die Produktionsanlagen. Schließlich entscheidet sich Opel zwar für den Standort Eisenach – allerdings mit einem komplett neuen Werk, das nur die Montage vorab zugelieferter Karosserieteile übernimmt. Inzwischen ist dort die Produktion von Corsa- und Adam-Modelle eingestellt, seit 2019 konzentriert sich das Unternehmen auf die Fertigung des Grandland sowie dessen Nachfolger.

New Line: Die Übernahme Wartburgs durch Opel ruft auch Irmscher auf den Plan. Mit klassischen Zutaten – Leichtmetallrädern, Front- und Heckschürzen und Spoilern sowie einem überarbeiteten Innenraum verpassen die Schwaben dem thüringischen Traditionsprodukt einen neuen Look – deshalb „New Line“. Leider währt die Kooperation nicht lange, da der Absatz der 1966 vorgestellten Wartburg-Limousine Ende der 80er Jahre einbricht und die Produktion nach 1500 Einheiten Anfang der 90er Jahre eingestellt wird.

Die Spezialisten in Remshalden nehmen sich das Mitte der 60er Jahre entwickelte Design des Wartburgs Punkt für Punkt vor. An der Karosserie sollen neue Anbauteile an Front und Heck – vorn mit integrierten Nebel-Scheinwerfern – schon auf den ersten Blick für eine zeitgemäße Optik sorgen. Nicht zu vergessen die Talbot-ähnlichen Außenspiegel links und rechts. Dazu kommen spezielle Leichtmetallräder, eine dezente Tieferlegung sowie ein auffälliger Heckspoiler. Besonders die zweifarbige Gestaltung nach Vorbild von Opel Kadett E und Ascona SR sorgt für erhöhte Aufmerksamkeit. Auch für den Innenraum sind Modernisierungsmaßnahmen geplant: Moderne Sportsitze, griffiges Lenkrad und weitere Details sollen das alte Interieur auf den aktuellen Stand bringen.

Letztlich handelt es sich beim Wartburg „New Line“ um einen Versuch, der dem Wartburg zwar sicher gut getan, aber sein Schicksal doch nicht hätte ändern können. Nach 25 Jahren ist das Modell 1991 weitestgehend ausgereizt, zumal die ehemaligen DDR-Bürger nun endlich eher die für sie neuen Alternativen „testen“ wollen. Und die bieten bei vergleichbarer Wagengröße auch interessantere Leistungsangebote. Man darf heute mutmaßen, was geschehen wäre, hätte es noch zu Zeiten der DDR die Möglichkeit gegeben, den „New Line“ anzubieten. Einige Komponenten des „flotten Thüringers“ werden übrigens noch heute bei Irmscher nachgefragt.

Ein Programm für Peugeot: Ab 2004 umfasst das Irmscher-Programm Sonderversionen für fast alle Peugeot-Modelle unter den Bezeichnungen RC-Line, GT-Line, Street Racing und Sport Edition. Über 1500 Teilenummern umfasst das komplette Irmscher-Veredelungsprogramm für Peugeot.

EXCLUSIVE BY IRMSCHER UND RC LINE: AUF RENAULT FOLGT PEUGEOT

Auch der französische Wettbewerber Peugeot wird auf die Leistungen des Remshaldener Unternehmens aufmerksam. Ergebnis sind ab 2004 verschiedene Sonderserien für unterschiedliche Modelle. Dazu gehört einerseits die RC-Line als auch der 3008 Sport Edition ab 2010. Nach unten runden der 107 sowie der 206+ Street Racing das Programm ab. Hinzu kommen GT-Line-Modelle. Ab etwa 2008 nimmt sich Irmscher fast des gesamten Pkw-Programms von Peugeot an – inklusive des Image-Modells RCZ sowie 407 und 508. Ein speziell von Irmscher aufgelegter Katalog mit über 1500 Teilenummern zeigt das komplette Veredelungsprogramm: Von unterschiedlichsten Leichtmetallrädern über Auspuffblenden bis zu Leistungssteigerungen ist alles verfügbar. Für den Innenraum werden hochwertige Leder-Innenausstattungen angeboten – sogar in expressiven Farben und mit exquisiter Rauten-Steppung, aber auch klassisches Anthrazitgrau ist verfügbar. Möglich wird dieses Programm durch einen speziellen Kooperationsvertrag zwischen der Groupe PSA und dem Unternehmen Irmscher, der 2007 gezeichnet wurde und bis zum heutigen Tag besteht.

Bereits früh wird Irmschers Expertise bei der Entwicklung des neuen Peugeot 407 mit einbezogen, um die Ausstattungsvariante „Exclusive by Irmscher" zu realisieren. Und das Ergebnis kann sich sehen lassen, nicht nur optisch: Es werden mehr als 700 Fahrzeuge gefertigt. Diese Version bietet Karosserieapplikationen, Leichtmetallräder und Sitzbezüge in einer Kombination aus Nappaleder und Alcantara.

Vereinbarung: Günther Irmscher im Jahre 2007 mit dem damaligen PSA-Vorstand Saint Geours und Projektleiter Patrick Baieulle beim Abschluss einer Kooperationsvereinbarung mit Peugeot zur Produktion von Sonderserien. Ergebnisse sind – neben den erwähnten GT- und RC-Line-Serien und weiteren Varianten auch der Anfang 2010 aufgelegte Peugeot 3008 Sport Edition (oben) sowie eine Sonderversion des ebenfalls 2010 vorgestellten Sportcoupé RCZ (unten).

Umfangreich: Ob der 207 RC-Line, 3008, 108 oder Traveller – dank des sehr umfangreichen Produktprogramms von Karosserieteilen und Felgen entstehen Sondermodelle für zahlreiche europäische Länder.

Mitte rechts: Beim 3008, einem der ersten Cross-Over auf dem Markt, sorgt der sportliche Look für eine besondere und unverwechselbare Optik.

Für den neuen 207 CC folgen ab 2007 die Editionsmodelle „Black & White“ für Deutschland sowie „Elle“ für den Markt UK in Kooperation mit dem Magazin Elle inklusive eines innovativen Internet-Voting zur Festlegung der Farben.

Weiteres Ergebnis dieser weitreichenden Partnerschaft ist die Ausstattung aller Peugeot-Le-Mans-Langstreckenfahrer mit von Irmscher veredelten Dienstfahrzeugen.

Body für den Soul: Auf Leichtmetallrädern und auf Wunsch auch mit speziellen Schriftzügen und Folien fährt der Kia Soul in die Herzen der Korea-Fans.

Farbakzente: Hochwertige Leder-Interieurs mit verschiedenen Farben und Rautenmuster kennzeichnen die Irmscher-Ausstattung für den Kia Soul.

EDITION BY IRMSCHER FÜR KIA

Der koreanische Hersteller Kia galt lange Zeit als Billiganbieter, doch das Änderte sich in den Nuller Jahren, als der Konzern, zu dem auch Hyundai gehört, auf europäische Expertise in der Entwicklung setzte, Ingenieure deutscher Firmen abwarb und so einen Qualitätssprung machen konnte. Man kam zu dem Schluss, das von Irmscher veredelte Modelle ins Portolio passen. 2009 entsteht so als Blaupause künftiger Zusammenarbeit eine Irmscher-Version des SUV Sorento.

Die limitierte „Edition by Irmscher" wird in den Farben Schwarz und Brillantsilber-Metallic angeboten. Highlight im Innenraum: Bicolor-Ledersitze mit champagnerfarbenen Mittelbahnen und Nähten sowie graphitschwarzen Wangen. Die Türverkleidungen sind ebenfalls champagnerfarben bezogen. Zur Serienausstattung gehört eine Sitzheizung für Fahrer und Beifahrer. Die Türeinstiegsleisten aus gebürstetem Edelstahl tragen den Irmscher-Schriftzug, den man auch an den Rückenlehnen der Vordersitze und außen an der Heckklappe findet. Der Umbau der Fahrzeuge erfolgt im Irmscher-Werk in Remshalden. Auf Wunsch stehen für den Sorento „Edition by Irmscher" 18-Zoll-Bicolor-Aluräder mit wahlweise fünf oder sieben Speichen zur Verfügung. Weiterhin sind Leichtmetall-Trittbretter und ein in den Dachhimmel integrierter DVD-Player mit 8,5-Zoll-Monitor erhältlich. In den Jahren bis 2014 folgen weitere spezielle Editionen des Kia Ceed, Soul, Carens und Sorento.

Weitere Kooperationen folgen: Mazda (Mazda 2 sowie MX5 mit Kompressor), VW in China (Passat CC), Ford (Kuga), SAAB (verschiedene Modelle), Pontiac (Sondermodell TranSport – Schwestermodell zu Opel Sintra) und Honda (verschiedene Modelle) sowie Holden (Commodore und Monaro) und viele weitere. Für Mercedes-Benz fertigt Irmscher ein Schnittmodell als Showcar, das die Funktion des Brennstoffzellenantriebs am Beispiel eines Vito darstellt.

Neue Reise: Auch für Chrysler arbeitet Irmscher und entwickelt eine Sonderversion des Dodge Journey.

VEREDELUNG AUCH FÜR CHRYSLER UND CHEVROLET

Mit Chrysler Deutschland wird im Jahre 2008 eine weitere Kooperationsvereinbarung geschlossen: Irmscher erhält den Auftrag – ganz im Sinne des Anspruchs dieser Traditionsmarke – für die Veredelung des JEEP Grand Cherokee mit einer exklusiven Leder-Innenausstattung.

Wenn auch Opel-Modelle immer wieder im Zentrum der Kooperation mit General Motors stehen, so kommen ab 2009 doch immer mehr Chevrolet-Modelle dazu. Im Jahr 2012 erreicht die Vielfalt ihren Höhepunkt und es gibt für alle Modellreihen des deutschen Chevrolet-Angebotes die „Sportsline"-Ausführungen, die allesamt von Irmscher entwickelt und geliefert werden. Neben den Chevrolet Sportsline gibt es zahlreiche weitere Sondermodelle mit Namen „Edition by Irmscher". Außer den europäischen Chevrolet-Modellen widmet sich das Unternehmen auch amerikanischen Fahrzeugen.

Auf der Essen Motor Show 2010 präsentiert Irmscher den Chevrolet Camaro i42. Wie später bekannt wird, soll es eine limitierte Auflage des Ami-Sportlers geben. Dank eines Kompressors, der den 6,2-Liter-V8-Motor zwangsbeatmet, kann der Fahrer 509 PS Leistung abrufen. Damit beschleunigt der Camaro in etwa 4,0 Sekunden von null auf 100 km/h und erreicht rund 275 km/h Höchstgeschwindigkeit. Die weiß folierte Karosserie mit schwarzen Racing-Streifen trägt stolz den Schriftzug „Since 1968" – angelehnt an das Gründungsdatum von Irmscher. Das Budget, das die potenziellen Käufer mitbringen müssen, hält sich in dem für diese Klasse üblichen Preisrahmen:

Je nach Ausstattung des Basis-Fahrzeugs kann der Chevrolet Camaro i42 ab 49.000 Euro bestellt werden. Die Komplettversion ist für 79.900 Euro erhältlich.

Übrigens war dieses Kleinserienmodell der legitime Vorgänger des ehemaligen Safety Car aus der Tourenwagenweltmeisterschaft (WTCC), das Irmscher 2013 zu einem reinrassigen Driftauto umbaute.

Quertreiber: Der auf der Essen Motorshow 2010 präsentierte Camaro i42 mit seinen 22-Zoll-Felgen weist als Besonderheit eine Kompressor-Aufladung des serienmäßigen 6,2 Liter V8-Motors auf – gut für eine Spitze von 275 km/h.

Der Ahnherr und der letzte Herrscher: Markiert der 1973er Commodore GS/E die frühe Phase der Kooperation Irmschers mit Opel und General Motors, so stellt der Camaro i42 eindrucksvoll den Stand der Zusammenarbeit Anfang der 2010er Jahre dar.

Der damalige Geschäftsführer von Chevrolet Deutschland, Steffen Raschig, erinnert sich gut an die Zusammenarbeit mit Irmscher: „Generell hat mich bei Irmscher immer die unkomplizierte und effiziente Entwicklung von Lösungen überzeugt. Dabei liefert das Unternehmen nicht nur die Idee, sondern sorgt auch für eine qualitativ hochwertige Umsetzung." Die Modelle sind in der Organisation so erfolgreich, dass einige davon auch in Überseemärkten bis hin nach Australien angeboten werden. Der Schweizer Markt bot darüber hinaus noch frische attraktive Sondermodelle für den Spark an sowie umfangreichere Captiva Varianten.

Tom Anliker, ab Anfang der 90er Jahre für Opel, Chevrolet und General Motors in Leitungsfunktionen für unterschiedliche Märkte und Regionen der Welt tätig, spricht ebenfalls mit Respekt über die Remshaldener Tuningschmiede: „Für unsere Marken Opel und auch Chevrolet war es eine hervorragende Möglichkeit, den Modellen zu mehr Individualität zu verhelfen. Teilweise war die Begehrlichkeit so groß, dass Messebesucher Irmscher-Teile einfach demontierten und mitnahmen".

Irmscher-Style auf kleinstem Raum: Ob der Cruze Edition by Irmscher oder verschiedene Varianten des Spark – auch für den Schweizer Markt stellt Irmscher seine Vielfältigkeit eindrucksvoll unter Beweis.

Sportliches Talent: Mit dem Talento Sportivo zaubert Irmscher eine attraktive Version des kompakten Busses. Besonderheit des Sportivo ist – neben der Optik – die Sitzanordnung im Fond mit Schienensystem, teilweise auch drehbar.

VAN SYSTEMS: LÖSUNGEN FÜR NEUE MOBILITÄTSERWARTUNGEN

Über die klassische Veredelung von Personenwagen aller Art hinaus, hat die Irmscher Unternehmensgruppe bereits 2011 die spezielle Abteilung „Irmscher Van Systems" gegründet. Im Mittelpunkt stehen hier Konzepte für Reisemobile und Vans aller Art. Ob klassische Individualisierungen innen und außen, Cargo-Systeme wie beispielsweise spezielle Dachsysteme, die i-Box für den Laderaum oder auch komplette Fahrzeugkonzepte – Van Systems bietet Lösungen für die unterschiedlichsten Ansprüche. Große Wohnmobile auf Basis eines Fiat Ducato gehören dabei ebenso zu den Ziel-Fahrzeugen wie kompakte Mobile à la Peugeot Stadtcamper, den das Remshaldener Unternehmen inklusive eines eigens konzipierten Dachkonzepts entwickelt hat. Aber auch im Nutzfahrzeugbereich ist Irmscher aktiv und produziert am Standort Saragossa Kühlfahrzeuge.

DEUTSCHE EFFIZENZ TRIFFT AUF ITALENISCHES FLAIR

Im Jahre 2017 wird Irmscher durch den FCA Konzern in Turin zertifiziert und ist fortan Umbaupartner der Italiener. Passend zum 50. Firmenjubiläum 2018 bringt Irmscher die ersten Modelle von Remshalden auf die europäischen Märkte. So entsteht zwischen 2017 und 2020 eine Edelversion des LCV Fiat Talento: Mit besonderen Akzenten wie beispielsweise anthrazitfarben lackierten 18-Zoll-Leichtmetallrädern ist das erklärte Ziel, das Fahrzeug mit dieser Ausstattung etwas höher zu positionieren. Dabei handelte es sich hier nicht nur um „eine" Version, sondern um verschiedene Varianten je nach Zielmarkt. Der Talento Sportivo richtet sich dabei – wie der Name bereits vermuten lässt – an Kunden, die sportliches Outfit schätzen. Passend dazu verfügt er über ein Sportfahrwerk mit einer Absenkung um 18 Millimeter hinten und 28 Millimeter vorn. Eine speziell entwickelte Frontschürze sowie Irmscher-Schweller-Verkleidungen setzen die optischen Highlights. Unter der Motorhaube arbeitet der bekannte Fiat-Common-Rail-Diesel mit vier Zylindern und 145 PS.

Beim Talento Sportivo stehen Komfort und Flexibilität im Mittelpunkt: Besonderheit ist das Sitzsystem im Fond, das auf Schienen basiert und viele Möglichkeiten bietet. Partielle Drehfunktionen der Fondsitze machen aus dem Talento ein Konferenz-Talent.

TREND ZUM SUV: BEI IRMSCHER EBENFALLS VOLL IM FOKUS

Neben den Limousinen und Coupés bietet die Modellpalette der Rüsselheimer Marke mit dem Blitz im Logo noch andere Fahrzeugkategorien, denen Irmscher zu einem sportlichen Erscheinungsbild verhelfen kann. Die Rede ist von den seit Anfang der Neunziger boomenden Märkte der SUVs und Vans.

1992 bringt Opel einen Geländewagen: Der Frontera ist wie der Monterey ein von der Konzernschwester Isuzu übernommenes Modell. Es dauert nicht lange, bis Irmscher sich dieses Modells annimmt und optisches Tuning anbietet, sowohl für die Baureihe A als auch für den Frontera B ab 1998. Das Sondermodell „Mistral" fertigt er komplett im Opel-Auftrag. Der Kult-Tuner ist damit Vorreiter auf dem Gebiet der SUV-Veredelung.

Solide Basis: Das erste massentaugliche SUV stellt Irmscher 1991 vor ganz neue Herausforderungen. Schnell avanciert der Opel Frontera zum absoluten Segmentführer. Passend dazu gibt es das Sondermodell Mistral als 2-Türer „Sport“ von Irmscher (ganz rechts). Baugleich mit dem Isuzu Trooper erscheint 1992 der Monterey. Irmscher erledigt für Opel die Europafahrtests.

1996 steht der neue Sintra bei den Händlern, ein Family-Van, den Opel in Kooperation mit der damaligen Konzernmutter General Motors entwickelt hat. Für das „Design“-Paket liefert Irmscher einen speziellen Grill-Einsatz sowie Karosserieteile und Leichtmetallräder.

Auch den 1999 vorgestellten erste Zafira veredelt Irmscher. Angeboten werden die Irmscher Selections iS1 bis 3, jeweils mit Karosserie-Verfeinerungen und Leichtmetallrädern. Für den Zafira B bietet Irmscher ebenfalls – nach bewährtem Muster – allerlei Individualisierungsmöglichkeiten: Grill-Einsätze, Spoilerlippen. Schwellerleisten, Dachspoiler, Türgriff-Blenden, Leichtmetallräder sowie Applikationen in Carbon-Optik. Auch der 2014 präsentierte Zafira C erhält frühzeitig ein Sondermodell mit der Bezeichnung „Style“, das parallel zum Astra „Style“ angeboten wird. Spezielle Karosserie-Details und Leichtmetallräder kennzeichnen das Modell.

Für das SUV Antara liefert Irmscher bereits ab 2008 ein komplettes Programm sowie einige Sondermodelle. Zusätzlich stellt das Unternehmen Mitte 2014 das Modell iS3 vor mit umfangreichen Karosserie-Applikationen, speziellen 20-Zoll-Leichtmetallrädern und einem um 30 Millimeter abgesenkten Sportfahrwerk. Unter der Haube werkelt ein auf 175 PS gesteigerter Zweiliter-Diesel. Im Innenraum fällt das spezielle Leder-Interieur auf. Sondermodelle des Antara entwickelt Irmscher dabei nicht nur für Deutschland, sondern auch für mehrere Märkte in Europa, sowie China und Australien.

Side by side: Irmscher Varianten der Opel-Modelle Zafira und Antara entsprechen dem MPV- und SUV-Trend. Obwohl die SUV-Nachfrage beständig steigt, spielt zwischen 2005 und 2010 das Familiy-Van-Segment – auch Multi Purpose Vehicle genannt – mit dem Zafira eine wesentliche Rolle.

„Kleiner“ Wagen: Pünktlich zum Modellstart des Mokka 2012 stellt Irmscher ein komplettes Programm zur optischen Individualisierung von Opels erstem SUV im B-Segment vor. Neben Karosserie-Anbauteilen sind auch Kits zur Leistungssteigerung lieferbar.

Der Mokka, der ab 2012 gebaut wird, ist bei seiner Vorstellung eines der ersten Fahrzeuge des B-SUV-Segments. Bis heute liefert Irmscher Karosserieteile und Leichtmetallräder für dieses Kompakt-SUV, ebenso wie Kits zur Leistungssteigerung.

Und Opel erweitert sein Programm stetig und bringt 2017 den neuen Grandland X. Das zur IAA im September vorgestellte neue so genannte C-SUV ist bereits von Anfang an im Irmscher-Trim verfügbar, wie es eine entsprechende Pressemitteilung verkündet: „Das Styling der Individualisierungsteile wurde von Irmscher unter Berücksichtigung aerodynamischer und funktionaler Anforderungen komplett neu entwickelt. Die Fahrzeugfront wird nachhaltig durch den typischen Kühlergrill von Irmscher im Wabendesign mit Edelstahl- oder Carbonleiste bestimmt. Die Irmscher-Designer haben zudem die Fahrzeugfront im Detail verändert. Die neu entwickelten seitlichen Trittrohre sind oval geformt und in poliertem Edelstahl als auch in einer matt schwarzen Optik erhältlich. Ebenso sind die Trittrohre in einer runden Ausführung verfügbar. Der Ladekantenschutz aus gebürstetem Edelstahl schützt das Heck bei jeder Beladung und spendet einen attraktiven Akzent.

Über Edelstahl-Einstiegsleisten mit Irmscher-Schriftzug kommt man bequem in den von Irmscher veredelten Innenraum des Opel Grandland X. Alle Elemente der Sitzanlage werden auf Wunsch mit hochwertigem Leder in individueller Optik und Haptik aufgewertet. Irmscher erfüllt jeden Wunsch im Hinblick auf Material, Farbe und Verarbeitung. Weitere Details aus dem Interieur-Programm sind das belederte Multifunktionslenkrad und die ebenfalls in Leder gehaltene zusätzliche Mittelarmlehne sowie die markanten Irmscher Fußmatten.

Die Techniker und Designer von Irmscher entwickeln ein speziell für den Opel Grandland X passendes 20-Zoll-Rad im innovativen „Heli Star“-Design. Gekennzeichnet wird diese hochwertige Neuentwicklung durch ihre moderne Formsprache und die verdrehten Sichelspeichen sowie die diamantgedrehte Bi Color Oberfläche. Weitere Räder im Irmscher „High Star“ und „Turbo Star“ Design sind in den Dimensionen 17 bis 19 Zoll verfügbar. Die Felgen sind in den unterschiedlichen Designs auch in schwarz erhältlich.

Mit der Tieferlegung um ca. 30 mm verleiht Irmscher dem Fahrzeug dynamische Fahreigenschaften sowie einen noch sportlicheren Auftritt. Leistungssteigerungen um bis zu 25 PS sind für die Diesel und Benzinvarianten vorbestellbar.“

Ein paar Monate später blickt man 2018 in Remshalden auf 50 Jahre Firmengeschichte zurück: Nur die hohe Innovationsfähigkeit und Flexibilität der hauseigenen Spezialisten, gepaart mit dem Gespür für Trends zur rechten Zeit ermöglichten es Irmscher, auf dem hart umkämpften Automobilmarkt zu bestehen.

Großer Wagen: Das große SUV von Opel steht hier auf 20-Zoll-Grandland Irmscher-Design-Heli-Star-Felgen, gefällt mit Tieferlegung und greift auf das klassische Irmscher-Zubehörprogramm samt Lederrinnenausstattung zurück.

Nachgeschärft: Der Grandland nach dem Facelift 2021 wirkt schon ab Werk wesentlich markanter. Im Irmscher-Style wird er zum gefälligen Boulevard-Criuser und folgt dabei dem Zeitgeist: SUV als urbane Erscheinungen, nicht gedacht fürs Gelände.

Irmscher G.T
159

DIE IRMSCHER-STORY TEIL 3

IDEEN-SCHMIEDE UND HERSTELLER

SCHÖNER UND SCHNELLER MACHEN – DAS KÖNNEN SIE BEI IRMSCHER. IRGENDWANN WÄCHST ABER DER EHRGEIZ, AUCH EIGENENTWICKLUNGEN ZU SCHAFFEN. NOCH BEVOR SICH WEITERE HERSTELLER VON AUSSERHALB DER OPEL- UND GM-WELT IN REMSHALDEN MELDEN, PRÄSENTIERT IRMSCHER ENDE DER 80ER JAHRE ERSTE EIGENE ENTWÜRFE, DARUNTER EIN NEUES COUPÉ, DAS DEN MANTA ERSETZEN KÖNNTE. EIN ECHTER HINGUCKER IST AUCH DER IRMSCHER GT 2+2 MIT VERSENKBAREN SCHEINWERFER-ABDECKUNGEN.

Links: Der Meister und sein Werk: Günther Irmscher sr. macht vor der Präsentation neugierig auf das von ihm kreierte Irmscher GT 2+2 Coupé.

Rechts: Gegenentwurf: Zwei Jahre vor Einführung des Calibra zeigt Irmscher einen eigenen Coupé-Vorschlag, der die Zuverlässigkeit des Manta mit neuer Optik kombiniert.

IDEENSCHMIEDE UND HERSTELLER

Das Irmscher-Design-Center entwirft eigene Modelle, die teilweise auf Komponenten aus der Opel-Serienfertigung zurückgreifen. So werden für das Irmscher Coupé unter anderem die Scheinwerfer des Omega A und die Rückleuchten des letzten Ascona C Facelift genutzt. Das Fahrzeug, das wie die meisten Studien heute im hauseigenen Museum in Remshalden steht, wird auf dem Irmscher-Stand auf der IAA 1987 ausgestellt. Mehrere Zeitschriften widmen ihm Stories, darunter *auto motor und sport*.

Das schnittige Coupé mit der langen Motorhaube wird angetrieben von einem selbstentwickelten 2,4-Liter-16-Ventil-Triebwerk und passt damit in den Trend neuer 16-V-Sportversionen, wie ihn später Kadett GSi 16 V und Calibra 16 V in der Serie zeigen.

SCHNITTIGER KADETT: IRMSCHER COUPÉ 90

Drei Coupé-Studien entwickelt Irmscher Ende der 80er und Anfang der 90er Jahre für unterschiedliche Segmente. Die auf dem Kadett E basierende Studie präsentiert Irmscher auf der AAA Berlin 1990, der ersten Autoausstellung im vereinigten Deutschland, unter der Bezeichnung Irmscher Coupé 90.

Die Coupé-Studie basiert auf einer Kadett-E-Bodengruppe und verfügt über Designmerkmale des Manta, wie z. B. die hinteren Seitenfenster. Die Karosse aus GFK mit Carbon-Teilen weist als Besonderheiten betont kompakte DE-Scheinwerfer sowie rahmenlose Türen auf. Im Interieur finden sich Sportsitze aus dem Kadett GSi. Irmscher will zu Beginn der 90er Jahres zeigen, was mit einem Coupé auf Kadett-Basis möglich ist. Erst um die Jahrtausendwende – also rund 10 Jahre später – nimmt Opel die Idee auf und lässt, dann bei Bertone, das erste Astra Coupé – parallel zum neuen bügelfreien Astra-Faltdach-Cabrio – fertigen.

Noch eine Stufe weiter geht Irmscher mit dem GT 2+2. Es handelt sich um ein elegantes 2+2-sitziges Coupé, das auf dem Omega 3000 aufbaut. Besonderheit ist ein selbstentwickelter 3,6-Liter-Motor, mit dem auch Opel in Rüsselsheim experimentiert. So fährt Fahrwerks- und später Technik-Chef Herbert Oberhaus ein metallic-dunkelblaues Monza Coupé des Jahrgangs 1985 mit diesem Motor. Im Rüsselsheimer Umfeld ist das edel-unschuldig wirkende Coupé in Fachkreisen bestens bekannt.

Die Besonderheit des im Windkanal optimierten GT 2+2 sind die elektrisch nach unten aufklappenden Scheinwerfer-Abdeckungen. Den Innenraum veredelt eine exklusive Nappa-Lederausstattung.

Die *ams* widmet dem Irmscher GT einen ausführlichen Fahrbericht in Heft 10/88. Darin lobt Autor Clauspeter Becker den Wagen sehr: „Seinem Namen Grand Tourisme macht Irmschers Automobil wirklich alle Ehre. Auf freier Autobahn beherrscht er auch die Region oberhalb 200 km/h mit meisterhafter Mühelosigkeit. Und er gönnt seinem Fahrer die gleiche Gelassenheit, denn der Geradeauslauf ist ohne Tadel.“

Titel-Star: Der Irmscher GT 2+2 schafft es im Februar 1988 sogar auf das Cover des Fachmagazins *ams*. Es folgt ein Fahrbericht im Mai. Irmscher erhält maximale Beachtung als Automobilproduzent.

Luftzug: Für die Entwicklung des Irmscher GT 2+2 entscheidet sich Irmscher erstmals auch für umfangreiche Testreihen im Windkanal.

Auch am oberen Ende entwickelt Irmscher konsequent weiter und erkennt früh, dass mobile Kommunikation immer wichtiger wird. So stattet Irmscher den Senator wahlweise auch mit einem Faxgerät aus, damals das Nonplusultra moderner Kommunikationstechnik neben dem noch relativ jungen Personalcomputer. Später fertigt Irmscher im Opel-Auftrag eine kleine Stückzahl von Langversionen des Omega Caravan mit integriertem PC und sogar schon Mobilfunk.

SHOWCARS AUCH FÜR OPEL

Während Irmscher alle diese Modelle aus eigener Initiative vorantreibt und mit Opel über die Aufnahme in das Serienprogramm verhandelt, hilft das hoch spezialisierte Unternehmen der Rüsselsheimer GM-Tochter bei der Entwicklung von Showcars, mit denen Opel Aufmerksamkeit auf neue Modelle lenken will. Dazu gehören der Corsa Spider, der bereits zur Einführung des

Tigra Roadster Konzeptstudie im Auftrag von Opel: Trotz großem Echo in der Fachpresse kommt es zu keiner Serienfertigung.

Vorläufer: Mit der Entwicklung des Tigra Pick-Up nimmt Irmscher den Trend zu Cross-Over-Fahrzeugen und Freizeitmodellen vorweg. Fast zeitgleich erkennt Irmscher mit dem Selectra, dass der Elektroantrieb durchaus seine Chancen hat (rechts oben).

damals ganz neuen Opel-Kleinwagens 1982 kam, und zur IAA 1993 der Tigra Roadster. Elegant in grünem Lack mit brauner Lederausstattung wird er dort von Schwimmstar Franziska van Almsick präsentiert und soll die Aufmerksamkeit auf das neue Tigra Coupé lenken. Die Markteinführung eines Roadsters ist zu jener Zeit noch nicht entschieden und die Kalkulationen ziehen sicher über mehrere Monate hin, bevor Opel 1994 dem Projekt „Roadster" den Stecker zieht.

Noch heute sind zahlreiche Beobachter der Automobilwelt überzeugt, dass dieses Modell ein großer wirtschaftlicher Erfolg hätte sein können. Doch Opel – und vor allem General Motors Europe – sind von den Volumenprojektionen nicht überzeugt, obwohl der Tigra Roadster Mitte der 90er Jahre die Alleinstellung im Markt genossen hätte. Zu sehr ist General Motors Europe mit dem Aufbau der weltweiten GMIO-Organisation (General Motors International Operations) beschäftigt, die den Fokus auf neue Potenzialmärkte wie Indien, China und Russland legen soll. Da ist kein Raum für „regionale Produkte mit begrenztem Volumen." Der Erfolg des Peugeot 206 CC rund acht Jahre später zeigt indes, dass für das kleine Cabrio allerhand drin gewesen wäre. Erst 2004 reagiert Opel darauf mit dem Tigra TwinTop.

Ganz passé ist für Irmscher auch der Tigra nicht, obschon sich Opel nicht zum Bau des Roadsters entscheiden kann. Irmscher bietet aber für interessierte Kunden einen Bausatz an, mit dem man das reguläre Coupé zu einem Pick-up umfunktionieren kann. Dabei wird die Heckklappe entfernt, stattdessen ein Pick-up-ähnlicher Aufsatz integriert und eine Wanne in die Kofferraumöffnung eingesetzt – ein interessantes Konzept. Da aber hier Opel nicht an einem eigenen Modell interessiert ist, bleibt es bei geringen Stückzahlen.

Weiterhin kümmert sich Irmscher lange Jahre um Faltdach-Varianten von Corsa, Agila und Combo und erarbeitet auch Freiluft-Konzepte für Meriva und Zafira. Dabei setzt Irmscher modernste Laser-Technologie für den Dach-Aufschnitt ein. Heute kommt die Kompetenz bei Dachsystemen vor allem im Bereich der Freizeitfahrzeuge zum Einsatz.

ALTERNATIVE ANTRIEBE MADE BY IRMSCHER

Stand seit Jahrzehnten die gezielte Weiterentwicklung der Verbrennungstechnologie im Zentrum, erkennt Irmscher bereits Mitte der 90er Jahre die Möglichkeit des Elektroantriebs. Denn obwohl man auch Verbrennungsmotoren für den Betrieb mit Flüssiggas (LPG) umbaut – vor allem für Deutschland und einige Exportmärkte entstehen zu Anfang des neuen Jahrtausends rund 25.000 Einheiten verschiedener Opel-Modelle –, analysiert man in Remshalden schon frühzeitig, dass in der Zukunft Alternativen zum herkömmlichen Verbrennungsantrieb erforderlich sind.

Als Ergebnis stellt das Unternehmen bereits 1994 unter der Bezeichnung „Selectra" ein auf Corsa-B-Basis entwickeltes Elektro-/Hybridfahrzeug vor. Es handelt sich um ein fast schon revolutionäres Konzept, bei dem zwei direkt an der Vorderachse anliegende Asynchron-Elektromotoren mit jeweils 14 PS für Vortrieb sorgen. Die Antriebsenergie liefert eine Batterie, die wiederum von einem Zweizylindermotor mit rund 10 PS während der Fahrt automatisch geladen wird. Dabei kann der Fahrer entscheiden, ob dies permanent geschehen soll oder nur dann, wenn der Ladestand der Batterien 60 Prozent unterschreitet.

Der Zeit voraus: Im Selectra auf Basis des Corsa B werkelt bereits 1994 ein Hybridantrieb. Vorzugsweise ist er elektrisch unterwegs, der Verbrenner kann für mehr Vortrieb oder als Range-Extender zugeschaltet werden.

Das Triebwerk selbst ist praktisch kaum wahrnehmbar. Der kleine Motor, umweltfreundlich mit Katalysator versehen und voll gekapselt, fungiert dabei als so genannter Range-Extender (Reichweiten-Verlängerer) und treibt einen Synchrongenerator an, der die Batterien lädt. Auf Basis der damaligen Batterietechnik liegt die Lebensdauer der Batterien bei umgerechnet rund 200.000 Kilometern. Interessanterweise handelt es sich dabei prinzipiell um das gleiche Konzept, mit dem Opel rund 15 Jahre später mit dem Plug-in-Hybrid-Modell Ampera in den Markt startet. Allerdings verfügt die im März 2009 auf dem Genfer Auto-Salon vorgestellte Werkskonstruktion über einen leistungsstärkeren Benzinmotor und einen größeren Elektro-Treibsatz. Als Grundlage dient dabei die erste Generation des Chevrolet Volt von General Motors. Die Produktion des Ampera endete 2016.

Das Fachmagazin *auto motor und sport* testet den Selectra in Heft 13/1994, und Tester Michl Koch zeigt sich vom agilen Auto positiv überrascht: „Der Hybridantrieb macht nicht nur die für ein Elektro-Auto ungewöhnliche Reichweite möglich. Erstens kann man ihn während der Fahrt zuschalten, falls es so stark bergauf gehen sollte, dass die beiden je 14 PS starken Antriebsmotoren im Batteriebetrieb keine ausreichenden Fahrleistungen mehr möglich machen. In diesem Fall liefert der Generator die Stromstärke für weitere zehn PS dazu, die direkt in die Motoren eingespeist werden können. Außerdem kann sich der Hybridantrieb unterwegs und abseits der Steckdose um die Aufladung der 300 Nickel-Cadmium-Batterien kümmern. Der Generator ist so ausgelegt, dass er den Batteriesatz etwa während eines zweistündigen Einkaufsbummels wieder zu voller Kapazität aufgeladen hat. In Fahrt zugeschaltet, verlängert sich die Reichweite auf mehr als 300 Kilometer.“

Was sich liest wie der Betrieb eines neuzeitlichen E-Fahrzeugs, ist also bei Irmscher bereits vor 30 Jahren realisierbare Technik. Der Selectra auf Corsa-Basis ist seiner Zeit weit voraus.

Es wird gar über eine kleine Serienproduktion nachgedacht und ein Grundstück mit 50.000 Quadratmetern Fläche in Eisenach erworben. Es entstehen zwei Prototypen – trotz sehr großen Presseechos und vielerlei Anerkennungen geht das nahezu zur Serienreife entwickelte Fahrzeug nicht in Produktion. Weder die Großserienhersteller noch die Kundschaft ist für den Energiewandel bereit, das Thema Elektro-Mobilität einfach noch zu weit weg. Auch dieses Projekt landet im Irmscher-Museum.

Geteilte Freude: Das Konzept des Selectra soll auch im Combo umgesetzt werden, doch die Selectra-Idee schafft es nicht über das Prototypenstadium hinaus.

WENIGER CO_2 DURCH FLÜSSIG-GAS

Als Sonderumbau bietet Irmscher den Astra des Baumusters „H" als GTC mit Flüssiggas-Antrieb an. Verschiedene Ausstattungspakete verleihen dem Astra – vor allem in der attraktiven neuen Coupé-Variante „GTC" – eine optisch sportivere Note. Angeboten wird die Umrüstung zu einem Preis von 2695 Euro für die 1,4-Liter-90-PS-, die 1,6-Liter-105-PS- und die 1,8-Liter-140-PS-Benziner-Varianten. Insgesamt werden 25.000 Umrüstsätze für nahezu die gesamte Opel-Palette verbaut. Bei Flüssiggas handelt es sich um eine Mischung aus Propan und Butan. Größter Vorteil ist eine Reduzierung des CO_2-Ausstoß: Gegenüber Benzin um 21 Prozent, gegenüber Diesel sogar um 23 Prozent. Damit verbessert Flüssiggas – wichtig insbesondere in Großstädten und Ballungsgebieten – die CO_2-Bilanz. Zudem entstehen denn bei der Verbrennung kaum Feinstaub oder Stickoxide.

Nostalgisch: Mit optischen Anleihen an Sportwagen der 50er Jahre begeistert das Design des im Frühjahr 2002 präsentierten Inspiro, der damals auf die Retrowelle einzahlt. Technisch baut er auf dem Chassis nebst Gitterrohrrahmen des Irmscher Roadster auf, eines zweisitzigen Sportmodells.

AUFSEHENERREGENDES DESIGN, TECHNIK AUS DER OPEL-GROSSSERIE

Ein gutes Beispiel für das breite Leistungsspektrum des Unternehmens Irmscher zeigt sich auch am Beispiel des Irmscher Inspiro, der vom Design bis zum fahrfertigen Prototyp komplett im eigenen Haus entwickelt und realisiert wird. Neben der rassigen Optik mit moderner Matt-Lackierung bilden die handwerklichen Details wie der aus Aluminium gefertigte Kühlergrill, die Lederausstattung in eleganter Rautenoptik oder die eigens entwickelten Felgen eine beeindruckende Visitenkarte des Unternehmens. Die im eigenen Designstudio entwickelte Karosserie indes besteht aus dem Verbundwerkstoff GFK. Technisch gesehen basiert das imposante Schaustück auf bekannten Aggregaten des Hauses Opel. Konkret kommt der Dreiliter 24-V-V6 mit hier 220 PS zum Einsatz. Zwar bestünde die Möglichkeit des Aufbaus einer Turbo- oder Kompressorvariante, doch steht dies beim Inspiro nicht im Vordergrund, denn mit einem Leergewicht von nur 900 Kilogramm reicht diese Leistung nach Meinung von Irmscher aus. Aus diesem Grund verfügt der Inspiro auch nicht über eine Servolenkung. „Wir wollen zeigen, was wir als Entwicklungs-Dienstleister draufhaben", sagt Günther Irmscher jr. im Gespräch mit *AutoBild* zum Inspiro.

Der Red Dot Design Award sowie weitere Auszeichnungen stehen stellvertretend für die Anerkennung der Irmscher Design-Leistungen aus dem hauseigenen Studio.

Puristisch: Knapp über 3,70 misst der Inspiro, der es auf ein Leergewicht von 900 Kilo bringt. Das knapp bemessene Cockpit bietet beste Voraussetzungen für sportives Fahren.

Kurzheck: Die knappen Dimensionen fordern natürlich auch beim Gepäckraum Tribut. Zur Pressepräsentation werden den Vertretern der schreibenden Zunft Fahrerhandschuhe im selben Leder wie der Innenraum als Einladung geschickt.

Selectra Stufe 2: Nach dem auf dem Corsa basierenden Selectra 1 stellt Irmscher mit dem Sportwagen Selectra 2 unter Beweis, dass Elektro mehr ist als Verzicht. Basis ist der von Irmscher bereits mit Verbrennungsmotoren angebotene Irmscher Roadster nach Vorbild des klassischen Lotus 7. Der Elektromotor leistet 175 kW (238 PS) und beschleunigt den Selectra in weniger als vier Sekunden auf 100 km/h.

Im Jahr 2011 kommt die Technik des Elektroantriebs spektakulär zum Einsatz, diesmal im puren und knackigen Roadster mit der Bezeichnung „Irmscher Roadster Selectra". Öffentlichkeitswirksam startet der Freiluftsportler im Frühjahr auf der legendären Bergstrecke zum Kesselberg-Rennen zwischen Kochel- und Walchensee. Auf den legendären 5000 Metern mit 18 Kurven und einem Höhenunterschied von 260 Metern treten erstmals Fahrzeuge mit elektrischem Antrieb an. Der Irmscher Roadster Selectra trifft bei dieser Veranstaltung auf Konkurrenten wie Tesla Roadster, E-Mini und Renner der Formula Student. In den Cockpits der beiden Fahrzeuge: Dietrich Erben, passionierter Bergrennfahrer und Redakteur der Zeitschrift *Auto Bild Sportscars*, sowie Günther Irmscher. Am Ende stellt der Selectra den Streckenrekord ein und glänzt mit der Tagesbestzeit in seiner Klasse.

Spaßfaktor: Ab 1993 bietet Irmscher eine eigene Version des legendären Lotus 7 an, zunächst mit dem famosen Zweiliter-16-Ventiler von Opel mit 150 PS, später kommen Turboversionen mit Leistungssteigerungen bis 284 PS Leistung sowie V6-Modelle hinzu.

Dabei profitiert der auf dem Gitterrohrchassis des puristischen Irmscher Roadster basierende Selectra vom sportlichen Setting des Hecktrieblers: ein Mittelmotorwagen ähnliches Fahrverhalten unterstützt den Fahrspaß wesentlich. Mit einem Gewicht von 782 Kilo und einer Leistung des platzsparenden 144-V-Gleichstrom-Elektromotors von 238 PS (175 kW) bei einem Drehmoment von 800 Newtonmetern erreicht der Roadster die 100-km/h-Marke in weniger als 4 Sekunden. Die Leistungsentfaltung kann über unterschiedliche Fahrmodi (Power oder Economy) den Wünschen angepasst werden. Weitere Highlights sind das elektronische Lademanagement sowie die Batterien. Sie können zusammen mit der gesamten Elektronik beispielsweise für Renneinsätze flüssig gekühlt werden. Die Lithium-Eisen-Phosphat-Zellen der neuesten Generation sind extrem robust und erlauben mehrere tausend Ladezyklen. Einen Leistungsverlust bei kalten Temperaturen, wie er bei herkömmlichen Blei-Akkus bekannt ist, gibt es bei den neuen Stromspendern nicht. Die automatische Aufladung der Batterien übernimmt ein „berührungsloses" System. Vorteile dieser komfortablen Methode sind der Wegfall der Steckverbindungen und Kabel. Je nach Kapazität des Ladegeräts können die flüssigkeitsgekühlten Batterien theoretisch in weniger als 60 Minuten auf 80 Prozent der Leistung aufgeladen werden.

Eine Besonderheit bietet auch die Innenraum-Erwärmung: Sie erfolgt über eine Infrarotheizung in der Frontscheibe. Gegenüber herkömmlichen Elektroheizungen bietet sie den Vorteil, dass Wärme direkt und unmittelbar dort entsteht, wo sie gewünscht wird – im Umfeld von Pilot und Co-Pilot! Hierdurch lassen sich 90 Prozent der für konventionelle Elektroheizungen erforderlichen Energie einsparen.

Fahrspaß pur: Der auch als Bausatz lieferbare Irmscher Roadster, links in der Turbo-Variante mit typischer Irmscher-Optik, rechts bei Tests auf dem Hockenheimring, wo der flache offene Wagen vollends in seinem Element ist. Unten gut zu sehen: Der Vergleich zwischen dem fertigen Sportwagen und der GFK-Basis des kleinen Renners.

IRMSCHER ROADSTER – SPASSMOBIL „MADE BY IRMSCHER"

Dem Trend „Fun-Fahrzeuge" folgend, entwickelt Irmscher bereits in den frühen 90er Jahren einen eigenen Roadster mit selbstkonstruierten Gitterrohr-Rahmen nach Vorbild des legendären Lotus Super Seven. Als Antrieb dienen zunächst Opel-Aggregate, darunter der Zweiliter-16V-Motor mit 150 PS. Seit 1993 in Produktion, bietet Irmscher noch heute den Roadster an – wahlweise als Bausatz oder Komplettfahrzeug, allerdings jetzt mit 284 PS starken, modernen 16-Ventil-Turbomotoren. Die Beschleunigungswerte liegen dank des hervorragenden Leistungsgewichts auf absolutem Sportwagenniveau. Das speziell entwickelte Fahrwerk mit Einzelradaufhängung sorgt dabei für unerhörten Fahrspaß der „rasenden Wanne" durch die direkte Verbindung mit der Straße.

Der serienmäßige Innenraum gibt sich – ganz puristisch – auf das Wesentliche beschränkt und ist mit Veloursbezügen ausgestattet. Aber ganz nach Irmscher-Tradition kann der Kunde unter einer Vielzahl von Farben und Leder-Innenausstattungen wählen. Und natürlich sind auch Innenraum-Applikationen in Wurzelholz oder Carbon sowie Edelstahl möglich. Die Autos werden ganz individuell nach Kundenwunsch konfiguriert und gefertigt – persönlicher geht es nicht.

Mit dem Roadster wendet sich Irmscher an eine spezielle Zielgruppe: Auto- und Frischluft-Hedonisten mit ausgeprägtem Dynamik-Wunsch. Die Fangemeinde ist groß und reicht weit über den deutschen Markt hinaus. Über 500 Fahrzeuge und Bausätze hat Irmscher seit Modellstart produziert. Die größte Nachfrage kommt nach Deutschland aus Spanien und der Schweiz.

Vorher und nachher: Der Irmscher Roadster vom Rohbau zum kompletten Fahrzeug.

irmscher

irmscher tuning

irmscher

irmscher

irmscher

IRMSCHER UND DAS MARKETING

VON GRÜN BIS ANTHRAZIT

DAS ERSTE LOGO ENTWICKELT GÜNTHER IRMSCHER IN DEN 60ER JAHREN NOCH SELBST: AM REISSBRETT IN DER EIGENEN FIRMA ZEICHNET ER JENEN SCHRIFTZUG, DER BIS HEUTE IN NUR MARGINAL GEÄNDERTER FORM EXISTIERT. DAS ERSTE LOGO IN SCHWARZ-WEISS KRÖNT NOCH EIN GROSSFORMATIGES „I".

Im Wandel der Zeit: Das Irmscher-Logo durchläuft in der Geschichte des Unternehmens zahlreiche Änderungen. Zentrales Element bleibt dabei immer das kleingeschriebene „i". Auch die Schriftart hielt den Moden der Jahrzehnte stand.

LOGOENTWICKLUNG IM LAUF DER JAHRZEHNTE

Knalliges Gelb und gern auch giftiges grün prägen die frühen Jahre von Irmscher. Der Schriftzug „irmscher tuning" in Schwarz auf Signalgelb wird zum Kult. Später verschwindet der Zusatz hinter dem Namen. Denn man weiß: Wenn Irmscher draufsteht, dann ist Leistung drin.

Als ab Mitte der 80er Jahre vermehrt Serienfertigungen und Entwicklungarbeiten die Auftragsbücher füllen, spiegelt sich das in den gedeckteren neuen Firmenfarben Rot, Grau und Anthrazit und einer geänderten Logodarstellung wider. Ebenso wird das separate „i" häufiger benutzt und ziert fortan auch zahlreiche hauseigene Sondermodelle.

In den 90er Jahren verfeinert Irmscher das Unternehmenslogo erneut. Hochwertige Sondermodelle und High-End-Fahrzeuge wie der Senator 4.0i erfordern jetzt einen noch seriöseren Auftritt: Das nun modifizierte „i" kennzeichnet u. a. das gemeinschaftliche Produktprogramm von Opel und Irmscher.

Etwas später führt der digitale Zeitgeist zu einer Neuinterpretation der Logo-Gestaltung mit den bewährten Farben Grau, Anthrazit und Rot, die zum einen Seriosität und Verlässlichkeit, aber Sportlichkeit und Kreativität vermitteln sollen. Neben dem Markenlogo gibt es auch erstmals ein Emblem für die inzwischen weltweit operierende Irmscher Holding.

Heimarbeit: Die allerersten Irmscher-Kataloge entstehen am Küchentisch und werden von Hand im Matrizenverfahren vervielfältigt. Nach diesen frühen Werken der 60er Jahre halten die 70er mit sehr farbenfrohen Katalogen Einzug. Erst später gestaltet Irmscher seine Kataloge dezenter.

KATALOGE FÜR DIE KUNDEN – EIN MUSS

Ab 1968 erscheint der Irmscher-Katalog und avanciert über die Jahre zu einem absoluten Sammlerstück – gute Exemplare sind heute nur noch schwer zu bekommen und dokumentieren anschaulich, wie sich Geschmack und Design über die Jahre verändert haben. Ebenfalls Kultstatus erlangt der in den 80er und 90er Jahren erscheinende Motorsportkalender.

Über die Hauszeitschrift *Irmscher Echo* bis hin zu den Point-of-Sale Postermaterialien für die Ausstellungsräume war und ist die Printpräsenz für Irmscher wichtig. Daran ändern auch die neuen Medien nichts, wo man innovativ unterwegs ist: Der in der zweiten Hälfte der 90er Jahre eingeführte Internetauftritt bietet ein damals wenig bekanntes Feature – den Car Configurator, bei dem der interessierte Kunde jedes Irmscher-Teil virtuell an sein Fahrzeug bauen kann.

Links: Optik nach Leistung: Stehen in den frühen Jahren Leistungssteigerungen im Vordergrund des Irmscher-Angebots, kommt in den 80er Jahren zunehmend Tuning fürs Auge dazu, vor allem Leichtmetallräder und Karosserie-Anbauteile.

Rechts: Frühe Kollektion: Erste Anoraks und Jacken im Irmscher- und Opel-Look hat Irmscher schon länger bei Messen im Angebot. Später werden Umfang und Darstellung zunehmend professioneller und hochwertiger.

IRMSCHER IN MODE UND ZEITGEIST

Irmscher schaut aber nicht nur auf den deutschen Markt. Längst hat man in Winnenden und später Remshalden erkannt, dass man auch an die Bedürfnisse anderer Märkte denken muss, teilweise sogar über die Grenzen Europas hinaus. Neben Fahrzeugen geht es dabei auch um Lifestyle-Produkte. Ende der 70er, Anfang der 80er Jahre gründet Irmscher in Italien ein Gemeinschaftsunternehmen zur Produktion von Jacken. Es ist die Zeit, in der Daunenjacken nicht nur als Kälteschutz getragen werden, sondern zu einem echten Mode-Highlight aufsteigen. Von Skianzügen über Jacken in sportlichem Design wird eine breite Palette entwickelt, angeboten und sogar an Autohersteller verkauft. Natürlich finden sich diese Produkte auch im hauseigenen Programm wieder: Speziell die Irmscher-Jacke in den Firmenfarben Grün und Gelb avanciert neben dem Rallye-Hut zum absoluten Klassiker. Irmscher bot und bietet für jeden Geschmack das Richtige für Kunden, die Ihre Begeisterung für die Marke zur Schau stellen wollen.

Aufkleber sind sehr begehrte Accessoires bei der Kundschaft, um die Verbundenheit mit der Tuning-Schmiede zu zeigen.

Auf Tour: Mit Irmschers Bedford Blitz werden nicht nur die Motorsportveranstaltungen begleitet, er dient auch als Verkaufsstand. Irmscher hat eine eigene Jackenproduktion in Nord-Italien und produziert dort auch für andere Automobilhersteller.

ISC – ALLES FÜR DEN CLUB

In den 1980er und 1990er Jahren kümmert sich Irmscher nicht nur um die eigenen Motorsporteinsätze, sondern übernimmt auch die Betreuung des Opel Cup – ein für Nachwuchspiloten gedachter Wettbewerb, der im Rahmen großer Rallyes stattfindet. In dieser Zeit wird der Irmscher Sport Club (ISC) gegründet, der Profipiloten wie Erwin Weber (Rallye-Europameister 1992) oder Uwe Nittel hervorbringt.

Drucksache: Monza 3-Liter Turbo im Test der Zeitschrift rallye racing mit dem typischen Fahrzeug-Kennzeichen WN – JR 250. 225 PS, 45 mehr als die Serienversion, erreicht das von Irmscher mit einem BAMAG-Lader bestückte Triebwerk. Durch einen vergleichsweise geringen Ladedruck von 0,4 bar wird eine Fahrkultur erreicht, die dem serienmäßigen Triebwerk sehr ähnlich ist und den damals gefürchteten typisch ruppigen Turbo-Effekt vermeidet. Der Irmscher Exclusiv GT – so die Bezeichnung – ist entweder nur mit optischer Verfeinerung und 5-Gang-Getriebe zu 41.000 Mark oder nebst Turbo für bis zu 48.000 Mark erhältlich.

DIE FAHRZEUG-KENNZEICHEN WN–JR …

Seit Unternehmensgründung lässt Irmscher seine Firmenfahrzuge mit dem Kennzeichenkürzel WN – JR zu, wobei WN für den Rems-Murr-Kreis steht, in dem Irmscher seinen Hauptsitz hat. Die Buchstaben-Kombination „JR“ wurde indes gewählt, weil es bis in die späten 90er Jahre keine Freigabe für die Kombination „IR“ gab. Bis heute ziert daher das bekannte Kürzel die offiziellen Firmenwagen. Ein Beispiel: das 500.000. Fahrzeug aus Irmscher-Produktion – ein Vivaro „Liner 68“ – trägt das amtliche Kennzeichen WN–JR 1968.

EIN BOB VON IRMSCHER

Schnell unterwegs ist Irmscher auf dem Eis: Man konstruiert einen Bob. Damit folgt man einer guten Tradition. So hat Opel bereits 1977 mit Arbeiten an einem solchen Projekt für die olympischen Winterspiele 1980 begonnen. Obwohl aufwändig entwickelt und umfangreich in Windkanälen getestet, kommt dieser Bob in Lake Placid 1980 jedoch nicht zum Einsatz: Die von Opel-Ingenieuren speziell entwickelte Lenkung sowie die aerodynamisch optimierte Form führen zu deutlich schnelleren Zeiten als mit dem bisherigen Bob. Dennoch ist die Umgewöhnung auf das innovative Lenksystem für das Team so groß, dass man bei den Wettkämpfen kein Risiko eingehen will und doch das bisherige Modell an den Start bringt.

Knapp dreieinhalb Jahre später erhält Günther Irmscher einen Auftrag des Deutschen Bobsport-Verbands (DBSV). Die Zeit von Mai 1983 bis zum Start bei den Olympischen Winterspielen in Sarajewo im Februar 1984 ist extrem knapp. Trotzdem ist man mit den deutlichen Verbesserungen gegenüber den letzten Wettbewerben zufrieden, ohne die Realität aus den Augen zu verlieren. Hat man bei dieser Konstruktion auch nochmals an Aerodynamik und Gewicht gefeilt, weiß man doch von vornherein, dass es gegen die Konkurrenz aus der DDR und der UdSSR sehr schwierig werden würde. Aus Zeitgründen hat man beispielsweise darauf verzichten müssen, das Fahrwerk grundlegend zu ändern. Eine komplette Neuentwicklung wäre im verfügbaren Zeitrahmen nicht realistisch gewesen.

In einem Zeitungsinterview Ende 1983 sagt Günther Irmscher sr.: „Nach unseren Vorstellungen hätte ein komplett neuer Weg beschritten werden müssen, für den wir auch schon ein Konzept hätten. Nur um diesen zu verwirklichen, hätten wir eben mindestens drei Jahre Entwicklungszeit benötigt und darüber

Neuer Firmen-Wagen: Ein „Liner 68“ – zum Firmenjubiläum im Jahre 2018 vorgestellt – übernimmt die Funktion des Irmscher „Firmen-Bus“ und sorgt mit seiner Farbgebung stets für begeisterte Blicke.

Eis-Eiliger: Durch die Entwicklung von Bobs für die deutsche Olympiamannschaft in den 80er Jahren erhält der Name Irmscher zusätzliche Bekanntheit.

hinaus eine siebenstellige Summe zur Kostendeckung. Wenn man ernsthaft daran denken sollte, unsere Kräfte für die Zukunft in Anspruch zu nehmen, dann wird man sich mit derartigen Kostendimensionen befassen müssen.“ Unterschwellig schwingt in dieser Äußerung doch ein gewisses Unverständnis über das Timing mit. Denn es wäre vor diesem Hintergrund nach Irmschers Beschreibung sinnvoll gewesen, die Entwicklung eines neuen Bobs gleich nach Lake Placid in Auftrag zu geben. Trotz aller vielversprechender Tests mussten sich die bundesdeutschen Bob-Teams ihren DDR-Kollegen deutlich geschlagen geben. Während die Teams der DDR sowohl bei den Zweier- als auch bei den Vierer-Bobs siegen, belegt die Bundesrepublik bei den Vierer-Bobs die Plätze 9 und 14 und kommt bei den Zweier-Bobs auf die Ränge 8 und 11.

IRMSCHER ALS CHARTSTÜRMER

Als der populäre Manta B 1988 sein Produktionsende erreicht, beginnt ein paar Jahre später seine zweite Karriere als Filmstar: Im Jahr 1991 erscheinen gleich zwei Filme, die das Rüsselsheimer Sportcoupé zum Thema haben. Zum einen „Manta, Manta“ mit Til Schweiger, zum anderen „Manta, der Film“, der mehr als eine Million Zuschauer in die Kinos lockt. Damit war die Senator-Produktion der erfolgreichste in Deutschland produzierte Kinofilm des Jahres 1991. Passend dazu landeten „Norbert und die Feiglinge“ mit dem Titelsong zum Film einen Nummer-1-Hit in den deutschen Charts. Hier wird das Remshaldener Unternehmen im Text verewigt: „... und bei Irmscher, das find ich symptomatisch, gibt es jedes noch so ausgefeimte Extrateil für den Manta. Zu teuer ist da nix. Das macht den glatt noch rasanter, und der ist eh schon reichlich fix ...“ Damit dürfte Irmscher die einzige Firma in der Automobil-Zulieferindustrie sein, die den Sprung in die Musikbranche erfolgreich geschafft hat.

Stars mit Blitz: Im Stil der Zeit präsentieren sich Schauspielerin Elke Sommer und ihr Manta Mitte der 70er Jahre im Irmscher-Look. Neben der Farbkombination fallen vor allem die ausgestellten Kotflügel und die tief geschüsselten Leichtmetallräder auf, die dem Wagen eine aggressive Optik verleihen. Nicht weniger auffällig ist aber auch das Outfit von Elke Sommer!

IRMSCHER UND DIE VIPS

In Irmschers Geschichte spielen Stars eine wichtige Rolle. So zum Beispiel Mitte der 70er Jahre die Schauspielerin Elke Sommer, die damals einen grünen, optisch von Irmscher modifizierten Manta A übernimmt. Irmscher hat sie als eine Marken-Botschafterin engagiert. Bei Messen ist sie mit ihrem Manta der unbestrittene Star, so beispielsweise bei der Essen Motor Show.

Weitere VIPs in Deutschland – insbesondere aus der Sportszene – schwören auf von Irmscher veredelte Fahrzeuge. Unter ihnen war Irene Epple, so erinnert sich Günther Irmscher jr. Die deutsche Skirennläuferin aus dem Allgäu und Deutsche Sportlerin des Jahres 1980 gewann zwischen 1973 und 1981 sechs Deutsche Meisterschaften. Sie übernahm Anfang der 1980er Jahre einen individualisierten Kadett D in Silber aus der Hand von Firmengründer Günther Irmscher.

Markenbotschafter für Opel ist den 1980er Jahren die Brühlerin Steffie Graf. Zu Ehren der Wimbledon-Gewinnerin wird eine Sonderserie des Corsa-A aufgelegt. Engagiert von Opel, wird Erfolgsschwimmerin Franziska von Almsick das Gesicht für den Tigra. Ein Erfolg nicht nur für die Rüsselsheimer: Auch bei Irmscher sorgt der Tigra im Nachgang der aufmerksamkeitsstarken TV-Kampagne für große Nachfrage. Das sportliche Coupé ist erhältlich als i-Line-Variante mit speziellen Leichtmetallrädern, Schwellerverkleidung und Bugschürze.

Viele Fußballstars erfreuen sich ebenfalls an Irmscher-Fahrzeugen: Nationaltorwart Toni Schumacher lässt sich seinen Kadett D veredeln. In der Zeit des Opel-Sponsorings (1989 bis 2003) baut Irmscher für alle Stars des FC Bayern München Fahrzeuge auf. Im Jahr 2018 ist Fußball-Kulttrainer Jürgen Klopp mit einem von Irmscher individualisierten Grandland X sogar in England unterwegs. Bahnrad-Weltmeister Jens Fiedler übernimmt einen Volvo XC 90 Irmscher Individual im Jahre 2009.

Allerdings wird auch die Popularität von Künstlern aus dem Musik-Business geschickt eingesetzt: Waren es in den Neunzigern eher Volksmusik-Stars in den Niederlanden, setzt Opel dem Zeitgeist entsprechend Mitte bis Ende der 2000er gelegentlich Rap-Stars wie beispielsweise Culcha Candela für die Produktbewerbung verschiedener Modelle ein – eine Werbestrategie, die auch Irmscher zugutekommt.

Feierliche Übergabe: Ski-Rennläuferin Irene Epple gehört in den 70er und 80er Jahren ebenfalls zu den exklusiven Irmscher-Kundinnen. 1980 übernimmt sie einen Kadett im Irmscher-Look aus der Hand von Firmen-Chef Günther Irmscher sr.

SHOW-BUSINESS: MESSEN UND AUSSTELLUNGEN

Seit den 1970er Jahren nimmt Irmscher regelmäßig an Messen und Veranstaltungen Teil, um die Marke Irmscher und das hauseigene Produktportfolio zu zeigen. So ist Irmscher einer der ersten Teilnehmer an der Internationalen Sport- und Rennwagenausstellung Jochen Rindt-Show im Jahr 1970, dem Premierenjahr in Deutschland. Bis heute findet man Irmscher auf der Essen Motor Show, wie diese Ausstellung seit 1978 heißt. Dazu kommen die zweijährlich stattfindende IAA sowie viele Händler-Events direkt vor Ort. War der Anfang der Messestände betont einfach, steigen im Laufe der Jahre Anspruch und Aufwand. Auch bei internationalen Shows in Übersee sowie bei zahlreichen Klassikermessen zeigt Irmscher Präsenz.

Großer Auftritt auf dem Genfer Automobilsalon: Langweilig sind Irmscher-Stände nie!

Stets aktuell: Das jeweils neueste Opel-Modell stellt Irmscher folgerichtig in den Mittelpunkt seines Standes. Durch eine Vereinbarung mit Opel hat Irmscher bereits sehr frühzeitig die Möglichkeit, Fahrzeuge zu veredeln – noch bevor sie auf den Markt kommen. Dies ist auch beim Corsa im Jahre 2006 der Fall, hier umrahmt von einem Vectra Caravan i35 Kompressor und einem Astra.

„BEGEHRTE AUSSTELLUNGSSTÜCKE“

Tom Anliker, in den 90er und 2000er Jahren in internationalen Führungsfunktionen bei der Adam Opel AG tätig, über die Zusammenarbeit mit Irmscher: „In Märkten wie der Türkei, auf den Philippinen und Argentinien waren Irmscher-Sondermodelle sehr begehrt. Bei Motorshows in diesen Ländern mussten wir darauf achten, dass die Teile nicht aus den Ausstellungsfahrzeugen geklaut wurden.“ So seien auf zahlreichen Messen Teile wie Heckspoiler oder Leder-Schaltknäufe beliebtes Diebesgut gewesen.

Folien, Felgen und feine Innenraum-Details? Das sind die Spezialitäten, für die man Irmscher kennt. Tom Anliker ist eine ganz andere Kompentenz wichtig: „In Portugal war Irmscher verantwortlich für den Einbau von Klimaanlagen, die wir in manchen kleineren Modellen ab Werk nicht liefern konnten, aber ein wichtiges Kaufargument waren.“ Das sei ein maßgeblicher Grund für die Übernahme der Marktführerschaft in diesem Land in jener Zeit gewesen. Und er ergänzt: „In manchen Märkten – wie beispielsweise der Türkei – hatten wir für Irmscher-Fahrzeuge und technische Belange, die Irmscher betrafen, sogar einen eigenen Angestellten in der Organisation.“ Dies unterstreicht die Bedeutung von Irmscher für Opel in jener Zeit.

Die Irmscher-Modelle für Chevrolet sind Tom Anliker wichtig zu erwähnen. Schließlich war er für diese Marke Vertriebschef und

Geschäftsführer in einem kleinen aber feinem Markt: der Schweiz. Eines dieser Modelle: der Captiva „Louis Chevrolet Edition“, der speziell für diesen Markt aufgelegt worden war. „Irmscher bot uns in vieler Hinsicht Möglichkeiten, die General Motors mit seinen Marken nicht liefern konnten“, bestätigt Anliker und ergänzt: „Es war eine unkomplizierte und wirkungsvolle Möglichkeit, Volumenmodellen einen individuellen Touch zu vermitteln.“

Übergreifend: Durch die Nutzung von Opel-Entwicklungen für andere Märkte kommt Irmscher auch in den Genuss, Veredelungen bei GM-Marken einzusetzen, wie beispielsweise beim Buick-Schwestermodell für den chinesischen Markt. So wird Irmscher zunehmend internationaler.

Von zurückhaltend bis auffällig: Hochwertigkeit kennzeichnet die Innenraum-Veredelungen von Irmscher. Dabei bietet er mit unterschiedlichsten Farbalternativen für jeden Geschmack etwas.

Zu dieser Zeit hat Irmscher bereits Schritte eingeleitet, um das Unternehmen mit Arbeiten für verschiedene Hersteller auf ein breiteres Fundament zu stellen. Heute ist Irmscher geschätzter Partner der gesamten Automobilindustrie und es gibt kaum einen Hersteller für den Irmscher noch kein Projekt abwickeln durfte. Von der Ideenfindung über das Design, der Entwicklung mit der Homologation bis hin zur Fertigung und dem Vertrieb kann der Kunde alles aus einer Hand bekommen oder nur einzelne Dienstleistungen erwerben.

Händler und Endkunden können aus dem umfangreichen Individualisierungsangebot wählen und dadurch ihre eigenen Fahrzeuge optimieren. Dabei stehen im Pkw-Bereich heute neben der optischen und technischen Veredelung hochwertige Individualisierungen im Innenraum im Vordergrund; mit Materialien wie Leder und Alcantara für Sitze, Seitenverkleidungen und Himmel. Bei Vans sind es auch Campingausbauten, spezielle Sitzanlagen oder komplette VIP-Shuttles. Für Händler sieht sich Irmscher als Marketinginstrument zur Steigerung der Fahrzeug-Verkäufe – Individualität hat schließlich immer Saison und Irmscher ist perfekt dafür gerüstet!

irmsch

IRMSCHER UND DER MOTORSPORT

QUER-TREIBER

Links: Quer zum Strom: Mit einem von Irmscher entwickelten Querstrommotor, der rund 200 PS leistet, tritt Walter Röhrl 1975 bei den 1000 Kilometern von Spa-Francorchamps an. Trotz umfangreicher Vorbereitung quittiert das Triebwerk nach 18 Stunden zwar den Dienst, die Erkenntnisse werden in der Folge dann aber systematisch zur Steigerung der Standfestigkeit genutzt.

Rechts: Volle Kraft voraus: Mit 24 Feststoffraketen im Heck katapultiert der RAK2 den unerschrockenen Piloten Fritz von Opel am 23. Mai 1928 zu einem Weltrekord. Auf der Berliner Avus erreicht er eine Spitze von 238 km/h – ein neuer Geschwindigkeitsrekord! So macht sich die Firma Opel einen Namen in der Welt des Motorsports.

MITTE DER 50 JAHRE: WÄHREND DER FILM „WENN DER VATER MIT DEM SOHNE“ MIT HEINZ RÜHMANN UND DEM JUNGEN OLIVER GRIMM IN DEN HAUPTROLLEN DEN BUNDESDEUTSCHEN KINOBESUCHERN TRÄNEN IN DIE AUGEN TREIBT, HAT GÜNTHER IRMSCHER DIE ENTSCHEIDUNG FÜR EINEN WECHSEL AUS SEINEM GEBURTSORT CHEMNITZ IN SACHSEN BEREITS GETROFFEN.

START MIT RAKETENKRAFT

Wenn er sich zu dieser Zeit auch noch nicht explizit mit der Marke Opel als späterem Geschäftspartner beschäftigt, ist doch die Begeisterung für Motorsport eine Triebfeder für die Übersiedlung.

Opel profitiert in jenen Jahren ausschließlich vom Engagement privater Fahrer, die auf die Zuverlässigkeit der Fahrzeuge aus Rüsselsheim setzen – ein Umstand, der für den Verlauf der weiteren Geschichte noch wichtig sein wird. Dabei beginnt die Opel-Motorsporthistorie bereits vor dem Ersten Weltkrieg: Denn schon vor dem vielbeachteten Weltrekord Fritz von Opels mit dem raketengetriebenen RAK2 am 23. Mai 1928 auf der Berliner AVUS, errang man seit kurz nach der Jahrhundertwende zahlreiche motorsportliche Siege, besonders mit Werksfahrer Carl Jörns am Steuer. Der Ludwigshafener, der sich zuvor im Radrennsport einen Namen gemacht hat, erringt bis zu seinem offiziellen Karriere-Ende 1926 sage und schreibe 288 Erfolge, darunter u. a. der Kaiserpreis 1907.

Ganz vorn: Bei der Tour d'Europe 1967 holt Günther Irmscher im NSU TT den Gesamtsieg.

Ab 1945 beschäftigt man sich in Rüsselsheim in erster Linie mit dem Wiederaufbau – Motorsport spielt zu diesem Zeitpunkt keine entscheidende Rolle. Dazu kommt, dass sämtliche bis 1965 produzierten Rekord-, Kapitän und Admiral-Modelle auf den stirnradgesteuerten OHV-Triebwerken aufbauen, die Opel 1937 – damals noch unter Leitung des Generaldirektors und späterem Chef des Volkswagenwerks Heinrich Nordhoff – der Öffentlichkeit präsentiert hatte. In den 1950er Jahren sind es zahlreiche Privatfahrer, die den Grundstein für den Opel-Motorsport-Erfolg bis in die frühen 60er Jahre legen sollten. So beispielsweise bei der Deutschlandfahrt 1950, bei der zwei Privatfahrer mit ihren Olympia- und Kapitän-Fahrzeugen, zu den erfolgreichen Absolventen zählen – ohne jegliche Werksunterstützung. Solche privat eingesetzte und in Eigenregie mehr oder weniger gut präparierte Fahrzeuge treten bei zahlreichen europäischen Rallyes an, darunter die fast 3000 Kilometer lange und anspruchsvolle Rallye Akropolis. Auch bei der Rallye Monte Carlo treten unerschrockene Opel-Piloten an und schaffen teilweise beachtliche Ergebnisse, wie der 29. Platz im Gesamtklassement 1958 mit dem damals noch recht neuen Opel Rekord P1 von einem griechischen Team zeigt. Mit der Vorstellung des neuen Kadett A im Jahre 1962 verlagert sich das motorsportliche Interesse auf dieses Modell mit seinem neuen Ein-Liter-OHV-Motor.

AM ANFANG WAR DER PRINZ

Zu dieser Zeit startet auch Günther Irmscher seine ersten motorsportlichen Aktivitäten – allerdings auf einem NSU Prinz II mit Heckmotor, der besonders preiswert zu bekommen und leicht zu tunen ist. 30 PS leistet der Prinz II in der Serie. Sein erstes Rallye-Wettbewerbsfahrzeug baut Irmscher im Jahre 1963 aus

Siegesserie: Bereits mit dem Prinz II ist Günther Irmscher 1964 erfolgreich und holt sich den ONS-Pokal. 1965 folgt der Titel als Deutscher Tourenwagen-Meister, bevor er 1967 den Gesamtsieg bei der Tour d'Europe 1967 einfährt.

Neustart: 1968 tritt Günther Irmscher erstmals in verschiedenen Rallyes mit dem neuen Rallye-Kadett 1100 an. Ab 1970 folgt der Rallye-Kadett 1900. Es sollten seine letzten aktiven Jahre als Rallyefahrer sein. Seine 1968 gegründete Firma erfordert inzwischen volle Aufmerksamkeit.

zwei Gebrauchtwagen auf. In einem späteren Interview bezeichnet er dieses Auto mal als „Konservendose, die man nur mit einem Schuhanzieher besteigen und mit einem Dosenöffner verlassen konnte.“ Mit jenem Einsatzfahrzeug nimmt er als ONS-Ausweisfahrer mit Horst Bluhm und Jürgen Illig am ONS-Pokal teil. 1965 startet er in der Deutschen Tourenwagen-Meisterschaft. Obwohl zu diesem Zeitpunkt NSU bereits den neuen TT mit Ein-Liter-Vierzylinder und 55 PS vorgestellt hat, tritt Irmscher noch mit dem bewährten Prinz II an – und wird Deutscher Tourenwagenmeister 1965. Zwei Jahre später, 1967, ist er mit Beifahrer Harald Andersen bei den rund 11.000 Kilometer der Tour d'Europe überlegener Sieger mit 26 Minuten Vorsprung. Die Veranstaltung gilt zu dieser Zeit als die längste und bekannteste Rallye. Ein Sieg dort ist damals vergleichbar mit einem Europameister-Titel!

Irmscher tritt bei der Tour d'Europe 1968 mit dem noch jungen Rallye-Kadett 1100 an und liegt auf dem zweiten Platz der Gesamtwertung, als ihn ein Getriebeschaden kurz vor dem Ziel zurückwirft. 1969 nimmt er wieder teil. Ein Sieg wird durch einen zweifelhaften Protest allerdings vereitelt. Dieser Einspruch sorgt zwar dafür, dass Günther Irmscher seine aktive Laufbahn beendet. Allerdings bereitet er weiterhin Fahrzeuge für Wettbewerbe vor und gründet 1968 seine eigene Firma.

GT-Parade: Obwohl als Sportwagen positioniert, sind es meistens die Rallye-Kadetten und später Asconas, die im Wettbewerb antreten. Bei den Fans und Privatkunden steht jedoch der GT mit seiner unverwechselbaren Optik im Vordergrund.

KOOPERATIONSVERTRAG MIT OPEL

Bereits 1970 folgt der Kooperationsvertrag mit Opel. Sofort nach der Unterzeichnung dieser Vereinbarung mit Deutschlands damals zweitgrößtem Automobilhersteller widmet er sich dem Ende 1970 präsentierten Manta A, das erste Projekt jenseits der Rallye-Kadetten, mit denen Irmscher die Aufmerksamkeit auf sich lenkt. Die leichte Erhöhung des Hubraums von den serienmäßigen 1897 auf nunmehr 1960 Kubikzentimeter zeigt nur die Spitze des „Tuning-Eisbergs“, denn das in der Serie auf kostengünstige Produktion und hohe Zuverlässigkeit getrimmte Triebwerk erhält geschmiedete Spezialkolben, eine spezielle Nockenwelle mit größerem Hub, Ventile mit größeren Querschnitten, polierte Kanäle, erhöhte Verdichtung, zwei Solex 40 DCOE-Vergaser (später Weber) sowie die Doppelrohr-Auspuffanlage des Rekord Sprint. Exakt 122 PS sind das Ergebnis gezielter Maßnahmen, eine Steigerung von rund einem Drittel.

Schon in der ersten Phase seiner Zusammenarbeit mit Opel zeigt Irmscher bei Wettbewerben sein Können: So bereitet er für Kurt Waldner, Opel-Händler aus dem Schwarzwald, Fahrzeuge für die unterschiedlichsten Wettbewerbe vor. Prompt siegt Waldner zunächst 1969 bei der Tour d'Europe auf einem Rallye-Kadett. Ab 1971 steigt Waldner auf den noch neuen Ascona um. Es folgen Waldner-Siege in Serie: 1971, 1972 sowie 1973 steht er auf dem Treppchen ganz oben. Und jedes Mal bereitet Irmscher die Fahrzeuge vor. Auf den Kooperationsvertrag folgt 1972 – konsequenterweise – der Sportvertrag mit Opel. Zu gut kennt man Irmschers Wert für den Motorsport für die Marke mit dem Blitz am Bug.

Fast zeitgleich hat Irmscher den Aufbau eines Kadett B – eigentlich handelt es sich um den baugleichen Olympia – für den späteren Marketingleiter des deutschen Ferrari-Importeurs, Dr. Helmut Mander, übernommen. Das auf dem CiH(Camshaft in Head)-Motor basierenden Zwei-Liter-Querstrom-Triebwerk leistet dank gezielter Tuning-Maßnahmen, erhöhter Verdichtung und zweier Gasfabriken des Typs Weber 45 DCOE rund 200 PS. Mit seinen Leichtmetallrädern unter speziellen Verbreitungen fällt der Kadett besonders auf, vermittelt diese Bereifung der kleinen Limousine doch einen massiven Auftritt. Das Fahrzeug ist übrigens eine Melange aus besagter Olympia-Limousine und einem verunfallten Rallye-Kadett. Verkürzte, progressive Federn, eine veränderte Vorderachs-Geometrie sowie negativer Sturz an beiden Achsen lassen den Mander'schen Kadett besonders bullig wirken.

Oben: Ascona-Team: Bei der 17. Internationalen ADAC Rallye Tour d'Europe erringen Kurt Waldner und Ferdi Bökmann im Oktober 1973 den Gesamtsieg auf einem von Irmscher präparierten Opel Ascona 19 SR.

Unten: Erstschlag: Mit dem noch neuen Ascona ist Kurt Waldner zusammen mit Hans Vogt erstmals im September 1971 bei der 15. Internationalen ADAC Rallye Tour d'Europe siegreich.

Begutachtung: Jochen Berger bewundert das neue Querstrom-Triebwerk.

Die Optik mit farbenfroher Pop-Lackierung ist ein Tribut an den Zeitgeist. Anfang der 1970er Jahre hat Opel den Mief der Nachkriegsjahre abgelegt. Männer tragen Schlaghosen und Hemden mit Kragen im Kingsize-Format. Frauen entdecken alle modischen Stilrichtungen – von Mini über Midi bis Maxi. Dazu kommen Plateausohlen für Herren und hochhackige Sandalen mit Kork-Absätzen für die Damenwelt. Im Radio hört man Ricky Shane mit „Mamy Blue", „Fiesta Mexicana" von Rex Gildo, „Cherpy, cherpy, cheep, cheep" der britischen Popgruppe „Middle of the Road" oder auch „Sweet" mit „Wig Wam Bam". Hartgesottene Musikfans lauschen zu „Der Hund von Baskerville" einer Cover-Version des Titels „Paranoid" von „Black Sabbath" in Deutsch intoniert von Schlager-Duo Cindy und Bert – eine besondere Pretiose deutschen Liedguts.

Große Klasse: Während Ascona und Kadett den Start der Arbeit Irmschers für Opel markiert, nimmt sich Irmscher schon bald auch des Commodore an. Den GS 2800 schiebt Opel 1970 zeitgleich mit dem neuen GS/E nach. Mit dem 2,8-Liter-Motor mit zwei Register-Fallstromvergasern bietet der GS 2800 ab Werk eine preiswerte Basis für den Sporteinsatz, die sich aufgrund der Vergaser auch vergleichsweise einfach tunen lässt.

Pop-Opel: Helmut Mander erringt auf einem Kadett B 1971 die Vize-Europa-Bergmeisterschaft und sorgt damit gegen die technisch und leistungsfähig überlegenen BMW 2002 für eine Sensation. Rund 200 PS kitzelt Irmscher aus dem speziell für dieses Fahrzeug aufgebauten Zweiliter-Querstrommotor.

mander
OPEL
HER
Mobi

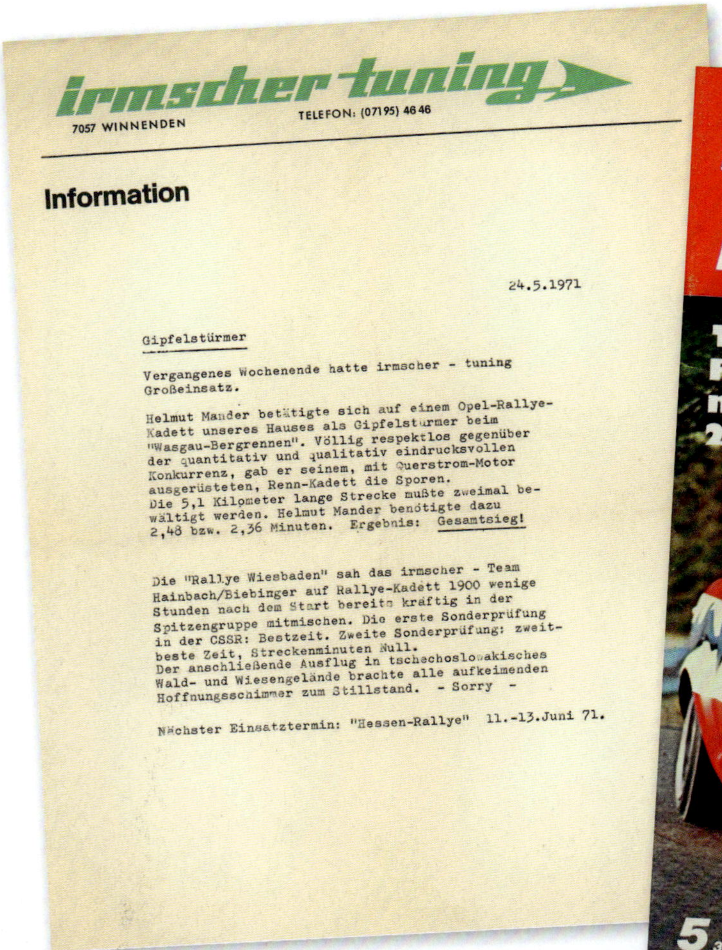

irmscher tuning

7057 WINNENDEN TELEFON: (07195) 4646

Information

24.5.1971

<u>Gipfelstürmer</u>

Vergangenes Wochenende hatte irmscher - tuning
Großeinsatz.

Helmut Mander betätigte sich auf einem Opel-Rallye-
Kadett unseres Hauses als Gipfelstürmer beim
"Wasgau-Bergrennen". Völlig respektlos gegenüber
der quantitativ und qualitativ eindrucksvollen
Konkurrenz, gab er seinem, mit Querstrom-Motor
ausgerüsteten, Renn-Kadett die Sporen.
Die 5,1 Kilometer lange Strecke mußte zweimal be-
wältigt werden. Helmut Mander benötigte dazu
2,48 bzw. 2,36 Minuten. Ergebnis: Gesamtsieg!

Die "Rallye Wiesbaden" sah das irmscher - Team
Hainbach/Biebinger auf Rallye-Kadett 1900 wenige
Stunden nach dem Start bereits kräftig in der
Spitzengruppe mitmischen. Die erste Sonderprüfung
in der CSSR: Bestzeit. Zweite Sonderprüfung: zweit-
beste Zeit, Streckenminuten Null.
Der anschließende Ausflug in tschechoslowakisches
Wald- und Wiesengelände brachte alle aufkeimenden
Hoffnungsschimmer zum Stillstand. - Sorry -

Nächster Einsatztermin: "Hessen-Rallye" 11.-13.Juni 71.

rallye racing

1N 5748 E

Test: Renn-Kadett mit 200 PS

Turbo-Porsche contra AMG-McLaren

Monza: Capri ohne Gegner

KADETT 2000

5 3,– DM
Mai 1972

Großbritannien 45 p · Niederlande 3,50 hfl · Luxemburg 46,– lfr · Schweiz 3,70 sfr · Österreich 22,– öS

Medienstar: Helmut Mander erringt 1972 mit seinem „Pop-Kadett“ – von den Medien aufgrund seiner bunten Lackierung entsprechend tituliert – den Titel des Berg-Europameisters der Tourenwagen-Trophy. Grund genug für Irmscher, eine entsprechende Pressemitteilung aufzulegen und Anlass für das Fachmagazin *rallye-racing* eine Titel-Story zu veröffentlichen.

1971 erringt Mander die Vize-Berg-Europameisterschaft, eine äußerst populäre Meisterschaft zu jener Zeit. Und der jugendliche Helmut Mander wirkt für viele damals wie ein Pop-Titan des Motorsports. Im Fachmagzin *rallye racing* 5/1972 stellt Mander seinen „Berg-Kadett“ selbst in einem Bericht mit dem Titel „Pop-Opel“ vor:

„Die Kadett-Limousine mit dem 1.9-Liter-Motor wird vornehmlich in größerer Stückzahl die USA exportiert und wiegt 50 Kilogramm weniger als der bei uns bekannte Rallye-Kadett mit dem gleichen Motor, also 810 Kilogramm. Mit dem homologierten Querstrom-Zylinderkopf kommt der bis genau 1979 Kubik aufgebohrte Motor auf annähernd 200 PS, was ein Leistungsgewicht von ziemlich genau 4 Kilo pro PS ergibt. In Deutschland war 1971 der BMW 2002 unser Hauptkonkurrent. Er wiegt etwa 80 Kilogramm mehr und leistet in seinen besten Exemplaren 225 PS – kommt also auf das gleiche Leistungsgewicht. Warum sollte man dann nicht gewinnen können?

Der gut dotierte Opel-Sportpokal war ein weiterer Anreiz, und die Unterstützung durch das Opel-Autohaus in Kassel und Günther Irmscher in Winnenden gaben schließlich den Ausschlag, das Projekt in Angriff zu nehmen ...

Unter den Kotflügelverbreiterungen konnte man bei entsprechender Nachbehandlung der Radkästen Reifen der Größe 4.5 -11.60-13 auf neuneinhalb Zoll Felgen vorn wie hinten unterbringen. Wesentlichste Änderung der Hinterachse stellt die Senkrechtstellung der Stoßdämpfer dar (beim Ascona jetzt serienmäßig), die beim Serien-Kadett ca. 40 Grad seitliche Neigung aufweisen. Durch diese Modifikation wird der Wirkungsgrad der Dämpfer erheblich erhöht. Ein geänderter Panhardstab (länger und mit Kugelbolzen-Lagerung) und die Verwendung von Bilstein-Renndämpfern in Verbindung mit progressiv wirkenden kürzeren Federn gibt der Hinterachse eine beachtliche Führung. Die Vorderachse macht keinerlei Kummer. Gestreckte Blattfedern legen den Wagen tiefer, und versetzte Querlenker-Befestigungspunkte verleihen der Vorderachse ca. 1,3 Grad Negativ-Sturz. Trotz der relativ direkten Lenkübersetzung durch kürzere Lenkhebel lässt sich die Lenkung hervorragend leicht bedienen (geänderte Vorderachs-Geometrie).

Das Getriebe und die Übersetzung waren im Vorjahr Stiefkinder eines schnellen Bergsprinters. Mit einer entsprechenden Optimierung dieser technischen Faktoren hätten sich erheblich Zeitverkürzungen einstellen müssen, gab es doch teilweise Bergstrecken, auf denen ich aus dem dritten Gang nicht herauskam.

Doppelspiel: Parallel zum Berg-Kadett entwickelt Irmscher einen speziell für die Rundstrecke konzipierten Kadett B mit ebenfalls 200 PS in den Irmscher-Hausfarben Grün/Gelb, der auch von Mander pilotiert wird.

Selbst der weite nutzbare Drehzahlbereich des Crossflow-Motors konnte dieses Handicap nicht wettmachen." Die Kosten für den Aufbau eines solchen „Berg-Kadett" veranschlagt Mander im Jahre 1972 mit rund 28.760 Mark, inklusive 8000 Mark für das Grundfahrzeug, 10.500 Mark für den Querstrommotor und 2350 Mark für das entsprechende Getriebe.

Besonders schnell ist der Opel auf ebener Piste. Die Kraftübertragung übernimmt ein spezielles ZF-Fünfganggetriebe. Damit schafft der Kadett den Sprint von 0 auf 100 in 6,7 Sekunden. So gehört Mander auch am Berg zu den Schnellsten.

1973 überreicht ihm der damalige Opel-Generaldirektor Alexander Cunningham den Opel-Sportpokal und 10.000 Mark in bar. Obwohl er erst im Jahre 1970 die Fahrerlizenz bekommen hat, stürmt Mander mit großem Abstand davon: 20 Siege holt in seinem Premierenjahr. In der Saison 1972 wird „der Bergdoktor", wie er liebevoll-ehrfürchtig genannt wird, mit seinem Kadett Europa-Bergmeister Tourenwagen Gruppe 1; in den Jahren 1973 bis 1976 folgen jeweils Vizemeisterschaften.

Zu diesem Zeitpunkt hat Günther Irmscher bereits einen Fahrer namens Walter Röhrl für Opel unter Vertrag, der schon zuvor erfolgreich seine ersten Erfahrungen auf einem privaten Ford Capri sammeln konnte. Für wenige hundert Mark im Monat sowie ein Auto holt Irmscher ihn in Absprache mit Opel-Sportförderungs-Chef Preikschat ins Team. Der erste große Auftritt Röhrls für Irmscher – zusammen mit Co-Pilot Helmut Berger – soll die Rallye Monte Carlo 1973 sein, gleichzeitig eine der letzten großen Veranstaltungen vor dem Beginn der Ölkrise. Diese sorgt ab November desselben Jahres nicht nur für „autofreie Sonntage", sondern auch für die Absage einiger Rallyes.

Hat sich Irmscher bisher durch die gezielte Aufrüstung des Kadett sowie den Bau des Crossflow-Vierzylinders für den Ascona ausgezeichnet, überrascht nun die Wahl des Wettbewerbsfahrzeugs für die Monte 1973. Nicht Kadett, Ascona oder Manta sollen antreten, sondern der noch neue Commodore, den es inzwischen für reguläre Kunden auch als GS/E mit 2,8-Liter-Einspritzmotor gibt. Unter der Haube des Monte-Commodore arbeitet dieser Serien-Einspritzmotor in einer leistungsgesteigerten Variante. Für weitere Einsätze bemüht PS-Künstler Irmscher gleich drei Weber 45-DCOE-Doppelvergaser und montiert einen zweigeteilten Krümmer mit Edelstahlauspuffanlage, die dem Abgas besonders wenig Gegendruck entgegensetzt. Statt der serienmäßigen 130 PS des Commodore GS und 160 PS im GS/E scharren im Bug nun 200 Pferde mit den Hufen, das sind noch 40 mehr als im Straßen-Topmodell GS/E.

Allerdings hat das komfortable Wettbewerbs-Coupé aus der Feder von Opel-Designchef Chuck Jordan und Studioleiter Erhard Schnell gegenüber Konkurrenten wie dem BMW 2002 oder dem Renault Alpine A 110 mit ausladenderen Abmessungen sowie mehr Gewicht zu kämpfen. Denn aufgrund fehlender Homologation muss der „Commo" in der Klasse der Spezial-GT mitfahren. Walter Röhrl kompensiert diesen Nachteil durch gekonnte Drifts und nutzt gezielt Schneewälle zum Abbremsen seines Gruppe-4-Commodore.

Drift-Bremse: Bei Röhrls erstem Auftritt für Irmscher anlässlich der Monte '73 setzt er das Commodore Coupé nach einem beherzten Schnee-Drift an einen Granit-Brunnen. Die Verformung hält den Opel nicht vom Fahren ab!

Entknitterung: Zahlreiche helfende Hände sorgen dafür, das deformierte Blech wieder aus dem Radkasten zu ziehen.

Quer – schnell – gut: Walter Röhrl gelingt es – trotz des fast völligen Serienzustands des Commodore – die Fahne gegen eine starke Konkurrenz hochzuhalten, die mit speziell präparierten Fahrzeugen angetreten ist. Dennoch gelingt der Klassensieg auf Anhieb.

Dazu kommt, dass– wie bereits erwähnt – das Commodore Coupé recht groß ist. Wenngleich der GS/E auf der Straße von den Fachmedien gute Bewertungen auch für sein handliches Fahrwerk erhält, ist er aufgrund seiner Größe gegenüber den Konkurrenten aus seiner Klasse deutlich im Nachteil. Röhrls Fahrkünste und Irmschers technischer Feinarbeit sind ausschlaggebend dafür, dass der „Commo" letztlich noch in der GT-Klasse siegt. Damit reicht es immerhin noch zu Platz 16 im Gesamt-Klassement. Noch heute gilt dieses Resultat als eine Meistertat des Duos Röhrl/Berger sowie von Technik-Impressario Günther Irmscher.

SPORTLICHE KOMMODE

Im Buch „Die Sucht nach Perfektion" von Ferdi Kräling und Wilfried Müller erinnert sich „der Lange" aus Regensburg recht lebhaft in diesen ersten offiziellen Irmscher-Opel-Einsatz bei einer Rallye Monte Carlo. „Die Kommode", so hätten Co-Pilot Berger und er das „Riesenschiff" genannt. Leistung sei nicht das Problem des Autos gewesen, eher ein deutlicher Abfall der Bremsleistung. Entsprechend fordern die berüchtigten Brems-Drifts unter Ausnutzung der Schneewälle ihren Tribut – einmal landet der Commodore nebst Besatzung unsanft an einem Granitbrunnen, der seine Spuren „druckvoll" im ansonsten formschönen Blechkleid des Commodore Coupés hinterlässt. Zuvor, während des Trainings, hatte Walter Röhrl schon den Dienst-Commodore des Opel-Sport-Ingenieurs Hinterthan „kalt verformt". Dabei soll es sich eigentlich nur um eine Art Probefahrt handeln. Hinterthans' Dienstwagen weist eine wirkungsvolle Differentialsperre auf und die will Röhrl unbedingt testen. Sie bewirkt zwar wahre Wunder, kann jedoch nicht die unsanfte Begegnung mit einem Randstein verhindern: Ein Hinterrad steht schief, und die Beichte an Gerd Hinterthan soll dem ehemaligen Mitarbeiter des Regensburger Weihbischhofs nicht leichtgefallen sein, hatte Hinterthan ihn doch persönlich im Jahr zuvor für Opel rekrutiert. Der Fahrervertrag kommt dann absprachegemäß von Günther Irmscher.

Im Anschluss stoßen Walter Röhrl und Helmut Berger – jetzt auf Ascona unterwegs – wieder auf die professionelle Führung des Teams durch Günther Irmscher. Dies ist der Auftakt vielbeachteter Rallye-Erfolge, für die Günther Irmscher mit seinem Team verantwortlich zeichnet. Bei der Rallye Rüsselsheim, dem ersten Lauf zur Deutschen Rallye-Meisterschaft, läuft es dann noch deutlich besser: Das Duo Röhrl/Berger siegt vor rund 150 weiteren Teams und legt damit den Grundstein für einen legendären Aufstieg. Dabei steht für diese Rallye noch nicht der Querstrom-Vierzylinder zur Verfügung. Röhrl/Berger treten mit dem 1900er CiH-Motor mit klassischem Motortuning und einer Leistung von etwas über 150 PS an.

Dennoch reicht es zum Sieg. Bei allen künftigen Wettbewerben soll hingegen das ursprünglich von Opel konstruierte und dann von Irmscher realisierte knapp zwei Liter große Crossflow-Triebwerk mit in der höchsten Leistungsstufe bis zu 215 PS eingesetzt werden. Gegenüber dem CiH-Triebwerk, das in den Ursprüngen übrigens nicht aus Rüsselsheim, sondern von der damaligen Mutter General Motors stammt und eigentlich für einen Einsatz in der Konzernmarke Chevrolet geplant war, weist der Treibsatz mit

Vereint: In neuem Glanz erstrahlen die Preziosen der Irmscher Historie, der 1973er Monte-Commodore (links) sowie der siegreiche 1974er Wettbewerbs-Ascona. Irmscher-Mitarbeiter der damaligen Zeit waren am Aufbau beteiligt und sicherten Originalität und Authentizität.

Mobil
HELLA
HELLA
HELLA
HELLA
WN EJ 872H
1

Dynamisch um die Ecke: Nach dem Titel als Vize-Europameister noch im Jahr 1973 holt das Duo Röhrl/Berger 1974 den Titel als Europameister, hier bei der RAC-Rallye 1973.

Querstrom-Kopf eine kettengetriebene Nockenwelle auf, die die Ventile direkt betätigt. Weitere Zutaten sind zwei Weber-Vergaser des Typs 45 DCOE sowie ein ZF-Fünfganggetriebe in Kombination mit einer 75-prozentigen Hinterachssperre. Mit diesem Set-Up wird die Paarung Röhrl/Berger im Ascona A für die kommenden Jahre erfolgreich sein.

GEGEN BMW 2002

Als deutschen Hauptgegner haben Irmscher und Röhrl die erfolgreichen BMW 2002 ausgemacht, die als Nachteil mit höherem Gewicht zu kämpfen haben. Das Team tritt sowohl bei der Deutschen als auch der Europäischen Rallye-Meisterschaft an. Was im regulären Betrieb auf der Straße für den BMW einen Vorteil darstellt, erweist sich im Wettbewerb als kleiner Nachteil: Die leichte Starrachse des Ascona bringt nicht nur Gewichtsvorteile gegenüber der Einzelradaufhängung des BMW, sondern ist im Ernstfall auch schnell und ohne zu großen Zeitaufwand gewechselt!

Nach dem ersten Einsatz mit dem Commodore Coupé bei der Rallye Monte Carlo fährt Röhrl in der Saison 1973 weiter von Erfolg zu Erfolg: Siege bei der Tschechoslowakei-Rallye, der Donau-Rallye und der Rallye München-Wien-Budapest sowie ein zweiter Platz bei der Semperit-Rallye – alles Läufe zur Europameisterschaft. Er liegt auf dem zweiten Platz im Gesamt-Klassement hinter Munari/Manucci, die mit der bewährten Lancia Fulvia unterwegs

Am Ziel: 1974 krönen Walter Röhrl und Jochen Berger ihre Karriere als Rallye-Europameister. Der Ascona hat sich – mit der Betreuung durch Günther Irmscher und sein Team – als standfestes und erfolgreiches Fahrzeug erwiesen. Das Bild zeigt die eindrucksvolle Pokalsammlung des Jahres 1973.

Erfolg in Serie: Der Ascona A entwickelt sich für Opel nicht nur stückzahlmäßig zu einem Erfolg. Seine Positionierung als sportliche Limousine findet durch die Erfolge im Rallyesport eine wirksame Unterstützung. Das ist umso erfreulicher, da das Modell ursprünglich als Ersatz für den Kadett B konzipiert war. Der Wettbewerb – vor allem Ford mit dem 1970 vorgestellten Taunus – hatte zur Auffächerung des Angebots zwischen Kadett- und Rekord gezwungen.

Sekt nur fürs Foto: Walter Röhrl als Rallye-Europameister 1974. Im selben Jahr gewinnt Lars Carlsson die Deutsche Rallye-Mesterschaft auf Irmscher Ascona.

sind. Letzter Einsatz des Irmscher-Ascona in jenem Jahr ist die RAC Rallye in Großbritannien, da die als ursprünglich letzter EM-Lauf geplante 1000-Minuten-Rallye aufgrund der Energiekrise abgesagt wird.

Röhrl, der bisher wenig Berührungspunkte mit England hatte, ist von den höflichen Umgangsformen sowie der Landschaft bei der RAC-Rallye angetan. Selbst mit dem Essen sei er zurechtgekommen, sagt er später – er sei da nicht übermäßig anspruchsvoll. Und obwohl die Veranstaltung auf der Insel für ihn im Gegensatz zu fast allen anderen Mitstreitern Neuland ist, liegt Röhrl mit dem legendären gelb-grünen Irmscher Ascona am zweiten Tag auf Platz 2 hinter dem Finnen Mäkinen. In der Nacht zum dritten Tag, berichtet er im Buch „Die Sucht nach Perfektion" habe er aufgrund von Zahnschmerzen einen Dentisten aufgesucht, der ihm kurzerhand den Zahn zieht. Dennoch tritt er tapfer morgens um 6 Uhr beim Restart an. Er kommt nicht weit, denn auf der Verbindungsetappe reißt das Ritzel der Ölpumpe.

Perfekt renoviert: Sowohl in der klassischen Opel-Sammlung als auch dem Irmscher-Museum finden sich perfekt restaurierte Modelle des Rallye-Ascona der Europameisterschaft 1974 sowie der Deutschen Rallye-Meisterschaft.

In Familie Irmschers häufig frequentierter Wohnküche treffen sich nach der Saison dann alle wieder: der angesichts des knapp verlorenen EM-Titels leicht frustrierte, aber mit Werksvertrag ausgestattete Walter Röhrl und jene Abordnung von Opel-Granden um Treufried Peter Preikschat und Fahrwerks-Chef Herbert Oberhaus, die statt Trübsal blasen die nächsten Schritte besprechen wollen – Auftakt für eine Reihe von Sporterfolgen im Jahre 1974. Mit dabei übrigens auch Hans Akerhult, in den 70er Jahren Marketingchef in Rüsselsheim. Opel plant zwar, die Motorsport-Regie selbst zu übernehmen, will aber weiter von Irmschers Kompetenz profitieren.

ERFOLGSSERIE

Neben nationalen Einsätzen wie zum Beispiel der ADAC-Hessen-Rallye 1974 – die Röhrl mit Beifahrer Berger gewinnt – ergibt die Teilnahme an den Fahrten zur Rallye-EM folgendes Bild: Ausfällen bei der österreichischen Alpenfahrt und der RAC-Rallye stehen drei Siege (Tschechoslowakei-Rallye, Donau-Rallye, Drei-Städte-Rallye – München, Wien, Budapest) und ein zweiter Platz bei der Semperit-Rallye gegenüber, darüber hinaus der Klassensieg bei der Monte in der Rallye-WM. Die Zusammenarbeit passt, der Team-Spirit ist gut.

Walter Röhrl glaubt heute noch, dass der EM-Titel möglich gewesen wäre, sofern die 1000-Minuten-Rallye stattgefunden hätte. Zufrieden ist er jedoch damit, dass er in jener Saison den großen Widersacher Sandro Munari habe bei fast allen Zusammentreffen schlagen können.

1973 ist allerdings auch das letzte Jahr, in dem Irmscher das Opel-Team direkt und im Auftrag des Werks führt. Aber die Irmscher-Hausfarben Grün und Gelb avancieren längst zu Kultfarben auf den Rallye-Pisten. Es ist zunächst auch das letzte Jahr ohne große Einschnitte im Motorsport, wenn man von der Absage der 1000-Minuten-Rallye einmal absieht. In der Welt rumort es nämlich gewaltig: Der Nahost-Krieg beginnt. Syrien und Ägypten beginnen gegen Dauergegner Israel am 6. Oktober mit einem Überraschungsangriff den „Jom-Kippur-Krieg“. Ziel ist die Rückeroberung der Gebiete Sinai und Golanhöhen.

Neuaufbau: Mit engagierter Unterstützung damaliger Mitarbeiter baut Irmscher den 1974er Wettbewerbs-Ascona auf Basis eines regulären Gebrauchtwagens detailgetreu neu auf.

Weber-Doppelpack: Auf ca. 200 PS bringt es der 8-Ventiler CiH-Motor mit dem serienmäßigen Hubraum von 1897 Kubikzentimetern.

eisrundschau / Lokaler Sport

Mittwoch, 27. Februar 1974

Der Schwede Lars Carlsson ist bereits zum Auftakt der Automobil-Rallyesaison in Topform: Zusammen mit dem Friedrichsdorfer Co-Piloten Petersen gewann er den ersten Lauf zur deutschen Rallyemeisterschaft auf dem Gelände des Truppenübungsplatzes bei Münsingen. Carlsson fährt in dieser Saison einen 195 PS starken Opel Ascona 2000, den der Winnender Auto-Tuner Günther Irmscher in Bestzustand versetzt hat. Links Lars Carlsson, der seit kurzem einen Kinnbart trägt.

Bilder: Seufert und Taylor

Lars Carlsson setzt Tradition der Irmscher-Opel-Siege fort

Schwedischer Ingenieur aus Winnenden gewinnt auf dem Ascona 2000 ersten Lauf zur deutschen Rallyemeisterschaft

(jw/wako) Die Vertragsfahrer des seit über 18 Jahren in Winnenden lebenden gebürtigen Chemnitzer Maschinenbau-Ingenieurs und weltbekannten Auto-Tuners Günther Irmscher sind schon wieder „in": Lars Carlsson (26), Ingenieur und Leiter der Irmscherschen Rennabteilung, gewann am Wochenende zusammen mit seinem Co-Piloten Petersen aus Friedrichsdorf den ersten Lauf zur deutschen Automobil-Rallyemeisterschaft auf dem 195 PS starken Irmscher-getunten Opel Ascona 2000. Der Schwede, der seit mittlerweile zwei Jahren in Winnenden lebt, ergänzte Irmschers optimale Tuner-Fähigkeiten mit hoher fahrerischer Qualifikation.

Nach Freigabe der Automobilsportveranstaltungen für die Saison 1974 durch die Oberste Nationale Sportkommission (ONS) wurde vergangenes Wochenende der erste Lauf zur deutschen Rallyemeisterschaft auf dem Gelände des Münsinger Truppenübungsplatzes durchgezogen. Schon der Auftakt dieses begehrten Wettbewerbs ließ erkennen, welches Interesse der laufenden Saison gerade diesem Sektor entgegengebracht werden wird: 170 Teams aus der ganzen Bundesrepublik gingen die 480-Kilometer-Zerreißprobe durch Schnee und Eis der schwäbischen Alb an. Sechs Runden mit jeweils vier Sonderprüfungen mußten auf Bestzeit gefahren werden, lediglich die 60 Zeitschnellsten qualifizierten sich für den zweiten Wertungsdurchgang. Ganz überlegen steuerte Lars Carlsson, seit kurzem mit Kinnbart, seinen Opel Ascona zum Sieg vor Kleint/Pitz (Hamburg/Ludwigshafen) auf Ford Capri, Höhing/Schuh (Eßlingen) auf BMW 2002, Knorr/Speck (Tötgen) auf Porsche Carrera und Gottlieb/Neumann (Berlin) auf BMW 2002.

In diesem Klassefeld hatten sich die Winnender Privatfahrer Schleicher/Scheerer und Krauss/Kraupa von vornherein keine Hoffnungen auf eine Vorderfeldplazierung gemacht. Beide Teams stimmt auch nicht nachdenklich, daß nicht einmal der zweite Wertungsdurchgang erreicht wurde. Im Gegenteil: Schleicher/Scheerer betrachten ihren 68. Platz im ersten Wertungsdurchgang insofern als Achtungserfolg, als bereits in dieser Qualifikation über 50 Prozent aller Teilnehmer ausschieden.

Pech hatten Krauss/Kraupa. In der letzten Runde mußten sie, aussichtsreich postiert, mit technischem Defekt ausscheiden. Die beiden Winnender Privatfahrerteams sammelten in dieser derart hochklassigen Veranstaltung eine gehörige Portion wichtiger Erkenntnisse, die in den noch ausstehenden motorsportlichen Ereignissen ihren Niederschlag finden dürften. Die Motorsportsaison 1974 hat ja gerade erst begonnen.

„Roms" TT-Senioren mindestens schon Zweiter

In der Rückrunde Kantersiege gegen Fellbach, Hohenacker und Oeffingen

(lf) Die Sportvereinigung Rommelshausen ist gegenwärtig zumindest schon zweitbeste Seniorenmannschaft im Tischtennisbezirk Rems. Den Sieg in der Gruppe I holten sich Dinkelacker, Hinzmann, Bertram und Lux durch einen 6:1-Kantersieg gegen den nach der Vorrunde noch führenden SV Fellbach. Platz drei gehört endgültig dem GTV Hohenacker, dessen schärfster Widersacher aus Grunbach nicht antrat, so daß dem GTV schon ein glattes 6:2 gegen den TV Oeffingen genügte.

In dem von Fellbach gut organisierten Turnier litten die Spieler unter schwachen Lichtverhältnissen und keineswegs im Bestzustand befindlichen Platten. Trotzdem hatten die Rommelshausener keine Schwierigkeiten mit Fellbach und gaben lediglich durch Bruno Bertram ein Spiel an Vergos ab. Oeffingen (1:6) und der GTV Hohenacker (0:6) hatten gegen den Gruppensieger nicht den Deut einer Chance, so daß Fellbach, im Vorspiel gegen Rommelshausen noch 6:2 siegreich, mit einem Verlustspiel mehr mit dem zweiten Platz vorliebnehmen mußte.

Der GTV Hohenacker, von vornherein zu schwach, um in den Spitzenkampf einzugreifen, hielt sich gegen die Fellbacher beim 1:6 besser als erwartet. Vor allem Helmut Rosemeiers Sieg gegen Plattenfuchs Schmid verdient der Erwähnung. Rosemeier war denn auch fleißigster Punkteholer im GTV-Team, das beim 6:2 gegen Oeffingen weitere Zähler durch Kocsanyi (2), Kocsanyi/Rosemeier und Lechler/Lenz verbuchte.

Obenauf: In der Deutschen Meisterschaft 1974 sichert sich Carlsson den Titelgewinn. Bereits 1973 wäre für Röhrl der Europa-Titelgewinn möglich gewesen, wäre der letzte Lauf aufgrund der damaligen Ölkrise nicht abgesagt worden.

Da wie die USA alle westeuropäischen Regierungen für die OPEC als „Israel-freundliche Nationen" gelten, drosselt die Organisation der arabischen Erdöl-Förderländer ihre Lieferungen. Kurze Zeit später sieht man an den Zapfstationen die ersten Hinweise zu Einschränkungen oder fehlender Benzinlieferungen. Am 4. November 1973 verfügen die Niederlande das erste Sonntags-Fahrverbot. Helmut Zilk, Chef des österreichischen Rundfunks ORF, entscheidet gar die zeitweilige Einstellung aller Motorsport-Sendungen. Hinzu kommt die bereits im Jahr 1972 präsentierte Studie der Wirtschaftsweisen des Club of Rome mit dem Titel „Grenzen des Wachstums", die bereits seit geraumer Zeit zu immer wieder neuen Diskussionen über die weltweiten Reserven fossiler Energie führt. Die Bundesregierung in Bonn verabschiedet am 9. November 1973 nach niederländischem Vorbild das Energiesicherungsgesetz, das zu vier autofreien Sonntagen führt, beginnend am 25. November und in der Folge am 2., 9. und 16. Dezember. Und während die bundesdeutsche Bevölkerung diese „Chance" nutzt, einmal die Autobahn straffrei mit Fahrrad, Leiterwagen, Pferd oder gar zu Fuß zu erkunden, zeichnen sich auch deutliche Einschnitte für den deutschen Motorsport ab.

DENKPAUSE

Langstreckenrennen werden von Kritikern „als Energieverschwendung" infrage gestellt. 1974 und 1975 werden zu einer Denkpause: Es findet kein 24-Stunden-Rennen auf dem Nürburgring statt und international wird die Rallye Monte Carlo 1974 abgesagt. Trotz aller energiepolitischer Diskussionen startet aber die Rallye-EM in die Saison '74 und wird zu einem Jahr des Triumphs für Walter Röhrl, Irmscher und Opel. Trotz der Leistungen der Irmscher-Truppe hat das Werk allerdings entscheiden, die Geschicke des Teams unter dem Titel „Opel-Euro-Händler-Team" selbst zu steuern. Doch bleibt Günther Irmscher mit seinen Mannen weiterhin als integraler Bestandteil bei der Vorbereitung der Fahrzeuge zuständig. Wettbewerbsauto ist wieder der zuverlässige Ascona.

Leiter des *Opel Euro Händler Team* und damit Chef der Fahrer Walter Röhrl und Rauno Aaltonen ist nun Opel-Motorsport-Abteilungsleiter Helle Bein. Mit dem Ascona treten Röhrl/Berger bei elf EM-Läufen an, gewinnen davon sechs und sichern sich so den Europameistertitel. Der technische Unterstützer Irmscher setzt mit Walter Smolej und Willi Peter Pitz bei der Deutschen Rallye-Meisterschaft ein eigenes Team ein und wird überlegener Meister. Obwohl bereits kurz vor der Ablösung, solte es das erfolgreichste Jahr für den Ascona A werden.

Opel profitiert von der Sportmotoren-Kompetenz des Günther Irmscher, der hat den Ascona nach dem neuen Gruppe-2-Reglement für optimierte Serienautos aufgebaut. Vorgesehen war zwar ein Start bei der Rallye-Weltmeisterschaft 1974, doch aufgrund besagter Ölkrise entfallen drei Läufe. Grund für das Opel-Irmscher-Team, in die weniger betroffene Europameisterschaft zu wechseln. Hier heißt der Gegner Monte-Sieger Sandro Munari. Und der Ascona liefert: Bei der tschechischen Moldau-Rallye gerät Munari – wie bereits erwähnt – gehörig unter Druck – 46 Bestzeiten aus 47 Prüfungen gehen an Opel. Insgesamt sechs Siege bei elf Läufen und ein Europameister-Titel sind das verdiente Ergebnis.

Oben: Neuer Name: Zur Rallye-Saison 1974 treten Röhrl/Berger unter der Flagge des Opel-Euro-Händler-Teams an. Irmscher unterstützt aber weiterhin die technische Vorbereitung der Fahrzeuge.

Rechts: Mittel zum Zweck: Den Erfolg des Duos Röhrl/Berger nutzt Opel regelmäßig für Werbezwecke. Der „freundliche Opel-Händler“ hielt für Fans großformatige Poster bereit, die häufig bundesdeutsche Kellerbars zierten.

Letzter Auftritt: Kurz vor Ende der Produktion schickt Opel den Manta A auf die 1000-Kilometer-Rallye Spa-Francochamps. 18 Stunden hält der 200-PS-Motor tapfer durch, dann quittiert er den Dienst. Bis zu diesem Moment hat sich der Rüsselsheimer Beau dennoch achtsam geschlagen. Hier zu sehen ist ein restauriertes Fahrzeug auf dem GP-Kurs des Nürburgrings.

Kurz vor Einstellung des Manta A – der Kadett GT/E ist als Nachfolger des Ascona A das neue Rallye-Auto von Opel – beginnt 1975 Röhrls Laufbahn als Rundstreckenrennfahrer. Opel setzt bei den 24 Stunden von Spa-Francorchamps einen von Irmscher vorbereiteten Manta A GT/E ein. Erst gegen Ende seines Lebenszyklus hatte sich Opel zum Frühjahr 1974 entschlossen, den Manta mit einem neuen 105 PS starken 1,9-Liter-Einspritzmotor anzubieten. Debut der Straßenversion des GT/E ist der Genfer Salon 1974. Jetzt soll auch mit Sporteinsätzen nochmals auf das neue Top-Modell des Rüsselsheimer Rochen hingewiesen werden. Und das, obwohl die Technik des von Irmscher präparierten Langstreckenautos auf der des Rallye-Ascona basiert. Tatsächlicher Grund ist jedoch die Bewährtheit der Ascona-/Manta-Plattform. Der präparierte Manta wirkt mit seiner Verbreiterung besonders imposant und agiert auch auf der Strecke spektakulär. Opel setzt Röhrl und seinen Rallye-Teamkollegen Aaltonen (Rallye-Europameister 1965), als Fahrer-Duo beim Langstreckenklassiker in den Ardennen ein. Die Anstrengungen werden aber nicht belohnt und der Wagen mit der Startnummer 49 muss gut im Rennen liegend mit Motorschaden aufgeben.

Im Rallyesport müssen sich Röhrl, Opel und Irmscher auf weniger erfolgreiche Jahre einstellen, wenngleich der Start noch vielversprechend ist. Jochen Berger entscheidet sich, ab dem Jahr 1976 den aktiven Rallyesport an den Nagel zu hängen und wechselt in die Opel-Sportbetreuung ins Werk nach Rüsselsheim. Im Breitensport sind zahlreiche Irmscher-Rallye-Fahrer erfolgreich, während es auf internationaler Bühne weniger gut läuft.

Originalzustand: Ein restaurierter Kadett GT/E im Rallye-Trim ist heute ein gesuchtes Fahrzeug. Opel entscheidet 1975, den Ascona A im Rallye-Betrieb durch den Kadett GT/E zu ersetzen. Start bei der Rallye San Remo im Herbst 1975.

Mittelpunkt: Der Wagen von Smolej/Geistdörfer wird im Jahre 1976 anlässlich eines Tags der offenen Tür bei Irmscher in Winnenden stolz präsentiert.

Das neue Auto im Opel-Rallye-Sport ist der Opel Kadett GT/E, der im Spätsommer 1975 mit dem Einspritzmotor des Manta GT/E auf den Markt gekommen ist. Serienmäßig leistet er 105 PS. Damit ist er legitimer Nachfolger des Kadett B Rallye, dem Begründer des Marktsegments der wirklich starken Fahrzeuge der unteren Mittelklasse. Nicht etwa, wie immer wieder behauptet, ist Volkswagen mit dem Golf GTI der „Erfinder" dieses Segments, sondern der Rallye-Kadett. Allenfalls der NSU TTS kann – mit Abstrichen – zu den Urvätern dieses Marktes gezählt werden. Denn mit 90 PS als Rallye 1900 und gar 106 PS als Rallye Sprint markieren die Rüsselsheimer die Spitze bei den „heißen Kleinen".

Für den Kadett GT/E geht es mit dem Opel-Team im Herbst 1975 bei der Rallye San Remo an den Start. Inzwischen kümmert sich Opel auch um Vorbereitung und Technik der Wettbewerbsfahrzeuge des eigenen Teams. Unter der Haube werkelt der Crossflow-Zweiliter mit 205 PS. War der Ascona ein Muster an Zuverlässigkeit, so überrascht der Kadett trotz fast gleicher Technik mit zahlreichen „Kleinigkeiten": Es treten Probleme mit der Elektrik auf, und auch die Bremse zeigt gelegentlichen Leistungsabfall. Für Driftkünstler Röhrl zwar kein unüberwindbares Hindernis, allerdings nervig. Dennoch arbeitet sich das Team Röhrl/Berger bei der Rallye San Remo bis auf den vierten Platz vor, bevor die Aufhängung der Kardanwelle bricht und damit die Fahrt für das Erfolg-gewohnte Team vorzeitig ein Ende hat.

Deutsche Rallye-Meisterschaft '76: Der Kadett GT/E mit dem Kennzeichen WN CD 44 startet zu Beginn des Jahres 1976 als „schmale" Version (Gruppe 4). Später erhält er die bekannten „Irmscher"-Kunststoff-Verbreiterungen.

In der Saison 1976 wird der gelb-grüne Kadett in der Deutschen Rallye-Meisterschaft eingesetzt, pilotiert von Walter Smolej und Christian Geistdörfer als Beifahrer. Ergebnis: Vier Siege. Zusätzlich testet Irmscher seinen 16 Ventilmotor bei diesen Einsätzen.

TECHNISCHE PROBLEME

1976 treten Röhrl und Kulläng wieder an, der Finne Hannu Mikkola ergänzt das Team für die Rallye Monte Carlo. Trotz erneuten Bremsverlusts schaffen es Röhrl/Berger auf den vierten Platz des Gesamt-Klassements. Kulläng und Mikkola scheiden mit Motorschaden bzw. defekter Hinterachse aus. Bei der Rallye San Remo desselben Jahres bleibt das Team vom Pech verfolgt: Eine defekte Zylinderkopfdichtung bei Kulläng sowie eine sich auflösende Kardanwellenaufhängung bei Röhrl im Rahmen einer Sonderprüfung rund 800 Kilometer nach dem Start sorgen für schmerzliche Ausfälle.

Ähnliche Vorkommnisse sind in Afrika zu beobachten: Bei Safari-Rallye-Spezialisten Rauno Aaltonen verabschiedet sich das Differenzial. Weitere Schäden sind auf die geringe Bodenfreiheit des Kadett Coupé zurückzuführen. Dazu kommen mehre „Anweisungsfehler" von Röhrls neuem Co-Piloten Billstam: Einmal lotst er seinen Fahrer in ein Straßenloch, mit der Folge eines gestauchten Vorderwagens; ein anderes Mal berechnet er die Zeit falsch, was zu einem zu frühen Stempeln am Ende einer Sonderprüfung führt – 12 Strafminuten sind die Konsequenz. Für das endgültige Aus sorgt allerdings ein Peugeot, der sich kurz vor Nairobi dem „fliegenden Regensburger" in den Weg stellt. Opel sagt daraufhin die Teilnahme an der Rallye Akropolis ab, bei der ein Privatfahrerduo Klaus Russling/Manfred Essig aus Österreich mit einem alten Ascona auf dem fünften Platz landet und Punkte sammelt. Es sind immer wieder ähnliche Probleme, die den Kadett GT/E – egal ob mit Vier- oder Zweiventil-Motoren – letztlich zur Aufgabe zwingen: So ist beispielsweise das für den Rallye-Einsatz zu schwach dimensionierte Kardanwellen-Lager eine ewige Schwachstelle, die aufgrund des vom Reglement vorgeschriebenen Einsatzes von Serienbauteilen auch nicht behoben werden kann.

Abgesehen von Lichtblicken wie dem Sieg bei den Serien-Tourenwagen bei der Rallye 1978, bleiben die Ergebnisse des Opel-Werksteams von technischen Defekten geprägt. Im Spätsommer des Jahres kündigt Walter Röhrl bei Opel und wechselt zu Fiat, wo man schon seit geraumer Zeit versucht, den schnellen Deutschen für die italienische Traditionsmarke zu gewinnen. Und der Erfolg kommt: 1980 wird er auf einem Fiat 131 Rallye-Weltmeister. FIAT feiert den WM-Titel mit dem Sondermodell Fiat 131 Sport Walter-Röhrl-Edition. „Mein Autogramm mit 115 PS", heißt es 1981 im entsprechenden Prospekt.

Lichtgestalt: Der Kadett GT/E im Irmscher-Trim ist eine echte Erscheinung bei allen Rennen. Der bullige Rüsselsheimer wird auf diesem Bild 1976 von Manfred Trint auf dem Norisring gefahren, der damals mit ihm in der populären Deutschen Rennsportmeisterschaft (DRM) an den Start geht.

Rallye-Star: Hatte Opel schon beim Ascona begonnen, Poster und Prospekte zu produzieren, stellt man bei der Kampagne für den Kadett GT/E Walter Röhrl noch stärker in den Mittelpunkt. Es geht darum, den neuen GT/E vor der Markteinführung des neuen VW Golf GTi als sportliches Kompaktmodell zu positionieren.

Und Irmscher? In Winnenden bzw. Remshalden bemüht man sich seit der Übernahme des Rallye-Teams in erster Linie um die Betreuung von Privat- und (selbstverständlich) Irmscher-Fahrern. Seit Mitte der 1970er Jahre steht auch die Erweiterung des Unternehmens für den Bau der ersten Irmscher-Opel-Sondermodelle im Mittelpunkt. Ein Unternehmenszweig, der sich in den folgenden Jahren als einer der Haupt-Standbeine der Unternehmensgruppe entwickeln soll.

Dennoch kümmert sich Irmscher auch um die Profis, so beispielsweise 1976 bei der Deutschen Rennsport-Meisterschaft (DRM) mit Röhrl und Trint auf Opel Kadett C GT/E. 1978 holt Achim Warmboldt auf dem neuentwickelten Ascona B den Deutschen Meistertitel. Parallel bereitet Irmscher ein Kadett C Coupé nach Gruppe-5-Reglement für die Deutsche Rennsport-Meisterschaft vor, das aber nie zum Renneinsatz kommt.

Großen Aufwand betreibt Irmscher, um den Ascona B zu einem erfolgreichen Wettbewerbsmodell zu entwickeln. Das neue Einsatzgerät soll an alte Erfolge mit dem Vorgängermodell anknüpfen und vor allem den Ruf der Marke, zuverlässige Autos auch für harte Rallye-Bedingungen zu bauen, wieder herstellen.

ERFOLG '79

Erfolgreich ist Opel mit Irmscher auch wieder bei der Rallye-Europameisterschaft 1979, bei der Jochi Kleint, Sohn eines Hamburger SAAB-Händlers und früherer VW-Werksfahrer, antritt und auf einem Ascona B den Titel holt. Irmscher ist an der Vorbereitung des Fahrzeugs beteiligt und legt danach eine entsprechende Sonderserie mit der Bezeichnung Ascona i2000 auf, zum Preis von knapp 19.000 D-Mark. Besonderheit ist eine

Neuer Erfolg: In der Saison 1979 gelingt es Irmscher wieder, mit Jochi Kleint auf einem Ascona i2000 den Rallye-Europameister-Titel zu erringen. Es handelt sich um den größten Motorsport-Erfolg von Kleint. Dazu kommt ein dritter Platz bei der Rallye Monte Carlo 1981. Neben der gewonnen Europameisterschaft dient das Fahrzeug zur Entwicklung des neuen Ascona 400.

Überaus zuverlässig: Mit dem i2000 ist nicht nur Jochi Kleint – wie hier – erfolgreich, auch zahlreiche Privatfahrer wählen damals das vergleichsweise günstige Irmscher-Sportmodell, das auch zum Opel-Sondermodell avanciert. Besonderheiten des Straßenmodells über die Leistungssteigerung hinaus sind ein modifiziertes Fahrwerk sowie Spoiler vorn und hinten.

Solex-Pierburg-Doppelvergaser-Anlage, mit der der Zwei-Liter-CiH-Motor eine Leistung von 121 PS erreicht. Trotz 20 Prozent höherer Leistung ist der Minderverbr auch von über einem Liter auffällig positiv. Zusammen mit der innenbelüfteten Bremsanlage, die für gute Verzögerungswerte sorgt, entsteht so eine zuverlässige Basis. Der Ascona i2000 dient ab sofort als Homologationsmodell für den Breitensport, mit dem viele Privatfahrer eine ideale Basis für den Rallye-Einsatz nach Gruppe N haben. Dank seiner Standfestigkeit ist der Neue die ideale Basis für die Entwicklung des Ascona 400. Bei der Rallye Monte Carlo 1980 landet der Ascona 400 immerhin auf Platz vier. Den folgenden Lauf in Schweden gut vier Wochen später kann der 240 PS starke Rüsselsheimer mit Anders Kulläng am Lenkrad mit 1,5 Minuten Vorsprung auf Saab-Pilot Stig Blomqvist gewinnen. Trotz des strammen Programms jener Zeit hat der Unternehmer Günther Irmscher auch immer einen Blick für die Menschen, die bei ihm arbeiten und ihren Teil zu dem Erfolg beisteuern. „Foxy“ Hausser, in den 70er und 80er Jahren bei Irmscher Service-Mechaniker, erinnert sich gern an die positive Stimmung und auch an das Entgegenkommen seines Chefs nach großen Stressphasen: „Er hat aufmerksam zugehört und sich dann gerne bei passender Gelegenheit großzügig erkenntlich gezeigt.“ So habe er ihm beispielsweise Anfang der 80er Jahre ein komplettes Umbau-Kit zum i2000 für seinen Ascona B geschenkt.

Außenseiter: Mit Heckantrieb und weniger Leistung als die Konkurrenz tritt Walter Röhrl 1982 auf einem Ascona 400 bei der Rallye Monte Carlo an. Trotz des Nachteils gelingt Röhrl ein Wunder: Er siegt und holt am Saisonende mit 10 Punkten Vorsprung auf Michèle Mouton in ihrem Allrad-Audi den WM-Titel.

Der Fahrermarkt in der Rallye-WM gerät in Bewegung, als bekannt wird, dass Walter Röhrl für die Saison 1981 den Wechsel zu Mercedes-Benz plant. Die Stuttgarter überlegen es sich allerdings nach Vertragsunterzeichnung anders und sagen das Rallye-Projekt ab. Tony Fall, inzwischen Opel-Sportchef in Rüsselsheim, erkennt die Chance und überzeugt Walter Röhrl für die Saison 1982, zu Opel zurückzukehren. Der Weltmeister von 1980 willigt ein – zu groß ist die Verlockung, mit einem eigentlich technisch unterlegenen Fahrzeug gegen die fast übermächtigen Audi Quattro siegreich sein zu können.

BAUKASTENSYSTEM UND 270 PS

Für die Rallye-WM mit ihren unterschiedlichen Anforderungen wird ein Baukasten entwickelt: Neben den üblichen Feder-Dämpfer-Kombinationen für Asphalt und Schotter gibt es auch eine Variante mit größerer Bodenfreiheit für besonders harte Langstreckenprüfungen wie bei der Rallye Safari in Afrika. Die Führung der Vorderräder übernehmen Doppelquerlenker, die starre Hinterachse führen vier Längslenker sowie ein Panhardstab. Vier innenbelüftete Scheibenbremsen verzögern den Ascona 400 sicher, die Verteilung des Bremsdrucks zwischen Vorder- und Hinterachse lässt sich per Handrad anpassen.

Die zunächst 240, später 270 PS Leistung des 2,4-Liter-Vierventilers kommen über ein Fünfgang-Getriebe an die Hinterachse. In sechs Sekunden auf hundert, 225 km/h Spitze, je nach Hinterachsübersetzung, auf Schotter, Schnee oder Eis. Unter winterlichen Bedingungen ist der Audi Quattro dem Ascona 400 zwar überlegen, doch beim Einstand in Monte Carlo fällt kaum Schnee, und Röhrl/Geistdörfer starten mit dem ersten Sieg in die Saison. Walter Röhrl lobt wiederholt die spielerische Fahrbarkeit des Ascona bei Trockenheit und auf Asphalt. Trotz aufwändigerer Technik und höherer Leistung kann Audi sich nicht durchsetzen!

Die Saison 1982 liest sich wie ein Triumphzug des Duos Röhrl/Geistdörfer:

- Platz 1 Rallye Monte Carlo
- Platz 3 Schweden-Rallye
- Platz 2 Safari-Rallye
- Platz 2 Rallye Akropolis (Toivonen/Gallagher belegen Platz 3)
- Platz 3 Rallye Neuseeland
- Platz 2 Brasilien-Rallye
- Platz 3 Rallye San Remo
- Platz 1 Rallye Elfenbeinküste

Röhrl siegt als Fahrer-Weltmeister 1982 mit 109 Punkten vor Michelle Mouton auf Platz 2 mit 97 Punkten und Hannu Mikkola mit 70 Zählern. Irmscher unterstützt das Weltmeisterteam immer wieder bei technischen Belangen.

Auf Tour: Irmscher setzt 1979 komplett auf den Ascona B i2000 und unterstützt das Team immer mit einem Bedford Blitz als Servicemobil.

Standfest: Zahlreiche Läufe bestreitet Irmscher 1979/80 mit demselben Fahrzeug (WN-A 400). Dabei wird 1979 erstmals auch der neue 2,4-Liter-16V-Querstrommotor eingesetzt. Die Bezeichnung 400 geht dabei auf die zur Homologation erforderliche Stückzahl von 400 Fahrzeugen zurück. Später werden weitere Ascona 400 aufgebaut.

Gut unterwegs: Sepp Haider im Drift bei der Deutschen Rallyemeisterschaft 1980.

Rückenwind: In den Folgejahren gibt es zahlreiche Rallyeeinsätze mit dem Ascona 400 und Jochi Kleint (rechts) am Volant …

… sowie mit Sepp Haider, hier bei einem Rallye-Einsatz in Spanien.

Für Irmscher indes läuft es auch nicht schlecht: Das österreichische Talent und späterer Publikumsliebling Sepp Haider kommt 1977 als Privatfahrer zum Team. In der Zeit zwischen 1980 und 1984 sorgt Haider auf Irmscher Opel Ascona B und Kadett C GT/E für 18 Siege bei internationalen Rallyes. Ab 1979 baut Irmscher einen speziell präparierten Ascona B in den hauseigenen Farben Grün und Gelb auf. Er wird zuerst als „schmales“ Fahrzeug auf die Rallye Pisten der deutschen und europäischen Wettbewerbe eingesetzt. Es folgt eine mit Irmscher-Teilen verbreiterte Version für eine bessere Spur und ein optimiertes Fahrverhalten. 1982 schließlich verfügt der legendäre Irmscher Ascona B (Kennzeichen WN-A 400) über den von Irmscher optimierten 2,4-Liter-16V-Motor. Das Fahrzeug erringt zahlreiche Siege und wird damals sogar im Aktuellen Sportstudio des ZDF ausgiebig beleuchtet.

Originales Stück: Günther Irmscher am Steuer eines Wettbewerbs-Fahrzeugs der Saison 1979/80 aus dem Besitz eines deutschen Sammlers. Auf diesem Fahrzeug sind Sepp Haider und Jörg Pattermann erfolgreich.

RECARO
irmscher
MobilSHC
GETRIEBE
RONAL

Furchtloser Quertreiber: Manfred Hero aus dem Saarland sorgt im Manta 400 für spektakuläre Drifts und zahlreiche nationale Erfolge, so bei der Rallye Monte Carlo im Jahre 1986, bei der er den 11. Platz im Gesamt-Klassement erreicht.

Auch der saarländische Rallye-Held und „furchtlose Quertreiber“ Manfred Hero fährt in dieser Zeit einen von Irmscher unterstützten Manta B 400 und sorgt für viele nationale Erfolge.

Die Aufgaben Irmschers in jenen Jahren haben es in sich: Von 1979 bis 1985 betreut man den Opel Sportpokal, zuerst mit dem Kadett später dann mit dem Opel Corsa A. Viele Talente wie der spätere Deutsche Rallye-Meister Erwin Weber gehen aus diesem gut dotierten und idealen Einstiegscup hervor.

Für die Saison 1988 betreut Irmscher das in Zusammenarbeit mit dem Fachmagazin *rallye racing* gegründete Ladies Junior Team. Die Fahrerinnen Isolde Holderied und Tina Törner können dabei auf ihre Einsatzgeräte Opel Kadett E GSi und Corsa A GSi vertrauen.

Der Jugend eine Chance: Bereits seit 1979 kümmert sich Irmscher um die Belange junger Fahrer, zunächst mit dem Kadett, später mit dem Corsa wie beispielsweise hier 1984 beim Corsa-Cup.

Giftzwerg: Der 1988 präsentierte Corsa GSi mit 1.6-Liter-Einspritzmotor bildet ein Kernmodell für den Nachwuchs-Motorsport. Isolde Holderied/Dagmar Lohmann treten im Rahmen des Opel-Junior-Cups innerhalb der Deutschen Rallye-Meisterschaft 1990 auf Corsa an.

Ladies Junior Team: In der Saison 1988 treten zahlreiche junge Fahrerinnen um die bereits bekannte Isolde Holderied (Mitte) an. Präzise handelt es sich um das Rallye Club von Deutschland (RCvD) Ladies Junior Team.

Ergänzung: Zum Saisonende 1989 kommt Sepp Haider zum Team dazu.

Kurz nach der Grenzöffnung und Wiedervereinigung engagiert sich Günther Irmscher bereits stark für den Osten Deutschlands. Er unterstützt damit die Fans in seiner ehemaligen Heimat und wird 1990 auf Anhieb letzter DDR-Rallye-Staatsmeister mit Eberhard Uth auf einem Irmscher vorbereiteten Irmscher Kadett E GSi 16V.

Bereits 1989 erlangt die Deutsche Tourenwagenmeisterschaft weitere Popularität, und Irmscher wagt sich im Auftrag von Opel wieder auf die Rundstrecke. Vorbereitet wurden zwei Kadett GSi, die mit Frontantrieb und einer Leistung von 285 PS zwar die „Underdogs" gegen Mercedes 190E 2.3-16, Ford Sierra Cosworth und BMW M3 sind, aber sich größter Beliebtheit beim Publikum erfreuen. Die Kadetten, pilotiert von Markus Österreich und Peter Oberndorfer, fahren mehrfach Punkte ein.

Ost-Erweiterung: Clever zeigt sich Günther Irmscher nach der Maueröffnung im Herbst 1989 und holt den DDR-Rallye-Staatsmeister Eberhard Uth.

Ausfall nach beherztem Einsatz: Peter Oberndorfer ist in der DTM-Saison 1989 einer von vier Piloten des Teams Irmscher, dem auch Markus Östreich, Sepp Haider und Klaus-Peter Thaler in dieser Saison angehören. Der DTM-Lauf am 26. Juni 1989 am Norisring endet für ihn mit einem Ausfall.

Irmscher Stars: Der Kadett GSi Gruppe A der Saison '89 und der Irmscher Omega 3.0 24V EVO der Saison 1991 auf dem Irmscher-Firmengelände.

Unten: Für Fans: Die Autogrammkarte von Peter Oberndorfer der Saison 1989.

Der spätere Opel Sportchef Volker Strycek pilotiert bei einigen Rennen einen weiteren Kadett, beim Saisonfinale in Hockenheim kam noch Sepp Haider dazu, als Vorbereitung auf die Saison 1990. Ebenfalls in der Saison 1989 setzt Irmscher auch noch den Kadett E GSi beim 24h-Rennen ein und erzielt mit der Fahrzeugbesatzung Markus Oestreich, Peter Oberndorfer und Volker Strycek den Klassensieg (17. Gesamtrang).

Erweiterung: Für die Saison 1990 – hier auf der AVUS – bereitet Irmscher den Omega 3000 24V als DTM-Wettbewerbsfahrzeug vor. Fahrer sind Markus Oestreich und Klaus Niedzwiedz, die zeitweilig von Volker Strycek ergänzt werden. Beim 24-Stunden-Rennen auf dem Nürburgring des Jahres 1990 belegt der Dortmunder gemeinsam mit Oestreich und Strycek Platz 6 des Gesamt-Klassements.

Für die Saison 1990 bereitet Irmscher den Omega 3000 24V als Wettbewerbsfahrzeug vor. Neben Oestreich und Niedzwiedz ergänzt Volker Strycek das Fahrer-Team. Hans-Joachim Stuck auf Audi V8 und der spätere Irmscher-Pilot Johnny Cecotto auf BMW M3 dominieren in jenem Jahr das Feld. Nach anfänglichen Kinderkrankheiten läuft es zum Ende der Saison deutlich besser, und im Abschlussrennen führen zwei Irmscher Opel Omega das Feld an.

Darüber hinaus tritt Opel mit Irmscher-Hilfe erfolgreich beim 24-Stunden-Rennen auf dem Nürburgring an: Klaus Niedzwiedz, Markus Oestreich und Volker Strycek belegen einen hervorragenden sechsten Platz im Gesamtklassement.

OMEGA EVO 500 AM START

Wie auch bei BMW und Mercedes-Benz, so soll in der Saison 1991 eine Evolutionsstufe des Omega eingesetzt werden. Mit dem Opel Omega Evo 500 wird ein spezielles Sondermodell aufgelegt, von dem 500 Einheiten gebaut werden müssen. Es zeichnet sich durch eine verbreiterte Karosserie, andere Front- und Heckpartie sowie einen elektrisch verstellbaren Heckflügel aus. Auch das Interieur wird überarbeitet, die Motorleistung steigt auf 230 PS. Die DTM-Einsatzfahrzeuge des Irmscher-Teams werden dabei von Franz Engstler pilotiert; Volker Strycek geht wechselweise mit dem Opel-Testcar an den Start und Frank Schmickler tritt dabei als Gastfahrer an. Um eine Top-Leistung von 380 PS aus dem 3,0-l-24V-Triebwerk zu generieren, treiben die Irmscher-Ingenieure einen immensen Aufwand.

Letzte Saison: Die DTM-Phase 1990 ist der letzte Zeitpunkt, zu dem – wie hier in Hockenheim – Volker Strycek, Klaus Niedzwiedz und Markus Östreich den Omega 3000 24V ohne Evo-Technik pilotieren.

Neuzugänge: Franz Engstler fährt bei der Deutschen Tourenwagenmeisterschaft 1991 ebenfalls einen Omega Evo 500. Frank Schmickler, der zum 8. Lauf vom MS-Jet Racing (Mercedes 190E 2.5-16 Evo II) wechselt, verstärkt das Team ebenso wie Volker Strycek, der für das Testauto eingeplant ist.

Startnummer 36: Die Einsätze von dem Allgäuer und späteren Teamchef von Engstler Motorsport Franz Engstler in der DTM-Saison 1991 bleiben leider ohne zählbare Ergebnisse, werden aber vom Publikum begeistert aufgenommen.

Zwar werden keine Siege eingefahren, aber der Auftritt der Opel-Fahrzeuge begeistert die Fans. Dennoch entscheidet Opel 1992, nicht mehr an der DTM teilzunehmen.

Beim 24h-Rennen durch die grüne Hölle kommt der Omega 1991 bis 1993 ebenfalls zu Ehren, u. a. mit Radprofi Klaus Peter Thaler. Ferner wird das gesamte Team 1992 zu einem Lauf der Brasilianischen Tourenwagen-Meisterschaft eingeflogen.

DIE TEAM-FORMATIONEN BEI DER DEUTSCHEN TOURENWAGEN-MEISTERSCHAFT 1990/1991

1990 Deutsche Tourenwagen Meisterschaft (DTM), Klaus Niedzwiedz (Start-Nr. 4), Markus Oestreich (Start-Nr. 5), Volker Strycek (Start-Nr. 54) auf Opel Omega 3000 24V

1991 Deutsche Tourenwagen-Meisterschaft (DTM), Frank Schmickler (Start-Nr. 22), Franz Engstler (Start-Nr. 36), Volker Strycek (Start-Nr. 37) auf Opel Omega Evo 500

Ohne Ruhepause: Das Serviceteam ist rund um die Uhr im Einsatz, die Konkurrenz schläft auch nicht. Bei der 1992er Ausgabe des Langstreckenklassikers in der Eifel belegt das Trio Volker Strycek/Klaus-Peter Thaler/Günther Schmidt auf dem Opel Omega Evo 500 den vierten Platz – mit lediglich drei Runden Rückstand auf den Führenden.

Unten: Sprung durch die grüne Hölle: Im Laufe der Zeit gewinnt der Omega Evo 500 zunehmend an Standfestigkeit und Erfolg – hier Franz Engstler im vollen Einsatz.

Betreuung: In der Saison 1996 kümmert sich Irmscher marketingseitig unter anderem um den Calibra-ITC-Einsatz von Oliver Gavin mit der Startnummer 8.

HIGHTECH-ZEITALTER: DIE INTERNATIONAL TOURING CAR CHAMPIONSHIP (ITC)

Wie schon die Deutsche Rennsportmeisterschaft in früheren Jahren kämpft auch die DTM mit explodenden Kosten. Immer größeren technischen Aufwand müssen die antretenden Werke Alfa Romeo, Mercedes-Benz, BMW und Opel betreiben, um konkurrenzfähig zu bleiben. Eine Internationalisierung und weitere Professionalität in Kombination mit dem neuen Klasse-1-Reglement sollen die Rettung für die populäre Meisterschaft bringen. Sogar eine Wiederbelebung der 1987 einmalig ausgetragenen Tourenwagen-Weltmeisterschaft kommt auf den Tisch. Durch die internationale Ausrichtung sind nun hohe Investitionen für die Hersteller eher vertretbar.

Die neu geschaffene International Touring Car Championship (ITC) startet 1995 zunächst parallel zur DTM. Neben sieben Läufen in Deutschland nehmen die Fahrer der DTM an fünf weiteren im europäischen Ausland teil, die separat von der DTM für die Meisterschaft der ITC gewertet werden. Unter den Fans gilt die unabhängige Wertung der beiden Serien als unübersichtlich. In der Saison 1996 erfolgt das endgültige Ende der „alten“ DTM. Die ITC wird das neue Championat und der Terminplan wird ganz im Sinne einer besseren Vermarktung deutlich internationaler: Es finden sechs Rennen in Deutschland, fünf in Europa und zwei außerhalb Europas statt. Die ITC-Saison 1996 gilt als die technisch anspruchsvollste Tourenwagen-Meisterschaft aller Zeiten. Die DTM-Getriebe schalten vollautomatisch; über Laptops werden die Fahrwerke abgestimmt.

GLEICHE LEISTUNG FÜR ALLE

Auch der Wettbewerb auf der Rennstrecke stellt einen neuen Höhepunkt dar. Erstmals treten alle Marken mit gleicher Leistung an. Opel siegt bei neun Rennen, Alfa bei zehn und Mercedes bei sieben. Der Titel geht schließlich an Opel. Manuel Reuter im Cliff-Calibra erlangt bei den Fans Kultstatus. Für Opel stellt der ITC-Titel den größten motorsportlichen Erfolg seit dem Sieg bei der Rallye-Weltmeisterschaft 1982 dar. Ganz der Tradition des exklusiven Kleinserienherstellers folgend, entstehen bei Irmscher im gleichen Zeitraum verschiedene Sondermodelle des Calibra, darunter Cliff Edition, Keke Rossberg Edition, DTM und Final Edition. Alle werden im DTM/ITC-Umfeld vermarktet. Darüber hinaus betreut Irmscher den Opel Calibra 4x4 von Oliver Gavin (Start-Nr. 8) in der Saison 1996, der mit der Werbebotschaft der Aftersales-Marke Opel i Line unterwegs ist.

Durch das Aus der ITC verliert die Fangemeinde einerseits eine internationale Tourenwagenserie, andererseits fehlt in Deutschland nach dem Ende der DTM auch eine oberste nationale Tourenwagenserie. Der Super Tourenwagen Cup (STW), ausgetragen

Mit Vectra STW-Facelift: In der Saison 1999 setzt Irmscher Roland Asch als Pilot ein, der im Abschlussrennen die Markenmeisterschaft sichert.

nach dem international weit verbreiteten Klasse-2-Reglement, soll hier die neue erste Liga des Motorsports werden. BMW und Audi erkennen früh die Vorzüge der kleineren Meisterschaft, dass sie ihre – im Vergleich zu den stärkeren Klasse-1-Boliden – preiswerten Zwei-Liter-Renntourenwagen weltweit als Kundenfahrzeuge verkaufen können. Die Teams sind dann in der Lage, ihre Autos ohne Umbauten in mehreren Meisterschaften einsetzen, was wiederum für Sponsoren interessant ist. Auch Opel und Alfa Romeo gehen nun diesen Weg, während Mercedes sich für Sportwagenrennen in der FIA-GT-Meisterschaft entscheidet.

VECTRA KOMMT

Irmscher setzt in der STW 1998 einen Vectra ein, pilotiert von Franz Engstler, und wechselt 1999 mit Roland Asch auf den Opel Vectra STW Facelift. In dieser Zeit fährt auch Manuel Reuter in der STW. Er wird dabei von der Irmscher-Marke „Opel i Line" unterstützt. Roland Asch erringt mehrfach gute Platzierungen und führt im Abschlussrennen der Saison auf dem Nürburgring Opel zur Markenmeisterschaft. Am Salzburgring im selben Jahr bekommt Irmscher sehr prominenten Besuch – der Formel-1-Weltmeister von 1996, Damon Hill, gibt sich die Ehre. Eine Tatsache, die auf dem Auto des Rennens auch vermerkt wird.

Für das neue Jahrtausend sollen das magische Buchstabenkürzel „DTM" wiederbelebt werden: Hauptinitiatoren der neuen Deutschen Tourenwagen Masters sind die ehemaligen ITC-Hersteller Opel und Mercedes-Benz. Auch BMW ist an der Ausarbeitung des Reglements beteiligt. Bereits 1998 sorgt Opel auf der Essen Motor Show für Furore. Das Unternehmen stellt dort einen DTM-Tourenwagen auf Basis des Astra Coupé vor. Mit dieser Konzeptstudie zeigt Opel den Weg des künftigen deutschen Tourenwagensports. Dabei ist die Kostenbegrenzung vor allem für Opel wichtig, während Mercedes-Benz Wert auf starke Hecktriebler legt. Audi wiederum will auf den Allradantrieb nicht verzichten.

Im Jahr darauf nimmt der Opel-Sportchef Volker Strycek anlässlich Opels 100-Jahr-Feier mit einem ehemaligen ITC-Calibra zeitweise am 24h-Rennen auf der Nordschleife des Nürburgrings teil. Und im Festzelt präsentiert die Sportabteilung der Rüsselsheimer Ihre Vorstellungen für eine „DTM 2000": ein Astra Coupé mit V8-Motor. Auch Mercedes-Benz findet schnell ein Gefallen an dieser Idee. Bei der Antriebsart stellt sich die Frage, wie viel Serientechnik in der DTM erhalten bleiben sollte. Beim Motor ist die Wahl inzwischen zugunsten eines V8 statt auf den V6 gefallen. Beim Antrieb gibt es mehr Diskussionsbedarf. Letztlich entscheidet man sich einheitlich für Hinterradantrieb, obwohl in der Serie viele Modelle Vorderradantrieb aufweisen.

Imagebildend: Zur neuen DTM, die nun Deutsche Tourenwagenmasters heißt, tritt Irmscher mit einem Astra DTM Coupé an, gesteuert vom talentierten Youngster Christian Menzel, der sogar eine Top-5-Platzierung bei den Trainingsschnellsten erreicht.

Neben dem Team Irmscher mit Christian Menzel treten noch die Fahrer Uwe Alzen, Joachim Winkelhock, Manuel Reuter, Michael Bartels, Timo Scheider, Eric Hélay sowie Test- und Ersatzfahrer Steffen Schulz für Opel an.

An der ersten Saison der neuen hochklassigen DTM (zuerst Touren Wagen Masters, später mit Meisterschaftsprädikat) nimmt Irmscher mit einem Opel Astra DTM Coupé teil, routiniert gesteuert vom talentierten Nachwuchsfahrer Christian Menzel. Durch die auffällige Farbgebung in den neuen Irmscher Hausfarben Grau, Rot und Anthrazit ist das elegante Coupé ein echter „Hingucker" im Starterfeld. Sportlich ist die Saison eher geprägt durch eine Lernkurve des jungen Fahrers, verschiedene Highlights wie die Top 5 Trainingsplatzierung beim Saisonfinale in Hockenheim lassen aber aufhorchen.

Neuer Ansatz: Mit der V8-Star-Serie startet ab 2001 eine Herstellerungebundene Rennserie. Als Basis dient ein Gitterrohrrahmen, in den ein V8-Roush-Motor mit 5,7 Litern Hubraum fixiert wird. Darüber sitzt eine für die V8-S.T.A.R. typische Silhouetten-Karosserie nach Vorbild der NASCAR-Serie. Für die Opel-/Irmscher-Teams wird die Optik des Omega B gewählt.

Neuzugang: Der Motorrad-Weltmeister und Formel-1-Rennfahrer Johnny Cecotto kommt zur Crew hinzu. Weiter ergänzt wird diese 2003 durch Roland Asch.

DIE V8-STAR SERIE

Technisch gesehen ist die V8-Star eine herstellerungebundene Serie, um für Teams und Fahrer eine Möglichkeit zu schaffen, unter gleichen Voraussetzungen ihr Können unter Beweis zu stellen. Als Vorbild für das Reglement dient die amerikanischen NASCAR-Serie. Alle Fahrzeuge weisen einen Gitterrohrrahmen auf, der einen Roush 5,7-l-V8-Motor mit rund 500 PS Leistung (2001: 450 PS) und 600 Nm Drehmoment beherbergt. Das Triebwerk überträgt seine Kraft auf ein sequenzielles 6-Gang-Getriebe. Elektronische Fahrhilfen sind nicht zulässig. Zur Sicherheit sitzt der Fahrer in einem Monocoque. Für spektakuläre Optik der verschiedenen Silhouetten sorgen große Front- und Heck-Spoiler sowie breite Radhäuser. Die Optik dieser Silhouetten, die als „Kunststoffhüllen" über die Technik montiert werden, sind verschiedenen Mittelklassefahrzeugen nachempfunden – darunter auch der Opel Omega.

Irmscher ist mit seinem Team in dieser Phase sehr erfolgreich und hat den früheren mehrfachen ehemaligen venezolanischen Motorradweltmeister, Formel-1 Fahrer sowie DTM- und STW-Meister, Johnny Cecotto verpflichtet. Diese Entscheidung zahlt sich aus, und Irmscher belegt mit Cecotto sowohl 2001 als auch 2002 jeweils den ersten Platz der Meisterschaft. Für die letzte V8-Star-Saison sitzt der Schwabe Roland Asch 2003 im Irmscher-Wagen mit der Silhouette des Opel Omega B und gewinnt unter anderem den Lauf am Nürburgring.

Back to the roots: Ab 2005 steht für Irmscher wieder der Rallye-Sport im Mittelpunkt. Mit dem Corsa 1600 erringt Irmscher den Sieg bei der Deutschen Rallyemeisterschaft Super 1600.

Achtungserfolg: Das Duo Markus Fahrner und Michael Wenzel kommt bei seiner Teilnahme an der Deutschland-Rallye 2007 als 10. Lauf der Rallye-Weltmeisterschaft als bestes deutsches Team ins Ziel.

Alt aber rüstig: Nach erfolgreicher DTM und Auftritten bei der v8-Star-Serie wird auch im Classic-Bereich die Rundstrecke erobert. Anlässlich des 40. Jubiläums setzt Irmscher bei der 24-Stunden-Classic-Nürburgring 2008 einen Manta 400 ein.

Drei Ikonen: Der Irmscher Selectra mit 175-kW-Elektromotor vor Manta 400 und dem speziell aufgebauten Drift-Commodore-Voyage V8.

Im Jahr 2005 geht es für Irmscher zurück auf die Rallye-Pisten, und mit Markus Fahrner avanciert ein lokaler Fahrer mit dem Irmscher Opel Corsa 1600 zum Sieger der Deutschen Rallye-Meisterschaft (DRM), Super 1600. Dieser Erfolg schlägt sich nachhaltig in der Presse nieder, und Irmscher setzt die Arbeit an diesem erfolgreichen Programm konsequent fort. Ein Ergebnis der Anstrengungen ist die viel beachtete Teilnahme an der Deutschland-Rallye 2007, dem zehnten von 16 Rallye-Weltmeisterschaftsläufen (WRC), bei der das Duo Fahrner/Wenzel auf Opel Corsa S1600 auf Platz 17 ins Ziel kommt und somit als bestes deutsches Team gewertet wird.

Aber trotzdem lockt die Rundstrecke: In seinem Jubiläumsjahr 2008 – das Unternehmen besteht jetzt seit 40 Jahren – unterstützt Irmscher erfolgreich ein Team rund um Rallye-Pilot Uwe Nittel beim 24h-Classic-Rennen auf der Nürburgring-Nordschleife mit einem Opel Manta 400 im speziellen 40-Jahre-Design.

Neues Engagement: 2010 beschließt Irmscher, in die Driftszene einzusteigen und nimmt am Drift-Wettbewerb in Oschersleben teil – mit einem speziell umgebauten Opel Commodore Voyage inklusive exklusivem V8-Motor lehrt Pilot Jochen Reich dem Wettbewerb das Fürchten. Ab 2012 kommt auch ein Chevy Camaro-V8 (unten) zusätzlich zum Einsatz.

NEUE GESCHÄFTSFELDER

Im Jahr 2010 entscheidet sich Irmscher, komplett neues Terrain zu betreten. Ziel ist die verstärkte Ansprache junger Kunden – dazu bildet die Drift-Szene eine hervorragende Basis. Zum einen stellen spektakuläre Autos ein gutes Konkurrenzumfeld dar, zum anderen erfreuen die Wettbewerbe zahlreiche Zuschauer. Bereits im folgenden Jahr ist es soweit: Das Engagement startet direkt mit dem Sieg beim Driftwettbewerb in Oschersleben auf einem Opel Commodore C mit V8-Motor und Jochen Reich als Pilot. Im Jahr 2012 setzt das Irmscher-Team den komplett neu aufgebauten Chevrolet Camaro V8 ein und feiert zahlreiche Erfolge bei Drift- und Team-Driftveranstaltungen.

Parallel entwickelt Irmscher ein reinrassiges Elektrofahrzeug. Mit dem Irmscher Selectra gelingt beim ersten Bergrennen für diese Art von Antrieb am Kesselberg 2011 auf Anhieb die Bestzeit in der Prototypenklasse.

Quer unterwegs: Der Irmscher Camaro V8 begeistert die Fans mit eindrucksvollen Drift-Einlagen.

Volles Programm: Neben dem Drift- und Breitensport widmet sich Irmscher mit Leidenschaft auch dem historischen Rallye-Sport und nimmt regelmäßig auch an Veranstaltungen teil. Ob 60er, 70er oder 90er Jahre – Irmscher ist für alle Liebhaber des klassischen Opel-Sporteinsatzes der kompetente Partner.

Mit FIA-Wagenpass: Der Aufbau und Verkauf historischer Rallyefahrzeuge ist ebenfalls ein fester Bestandteil des Irmscher Programms. Dabei kommen nicht nur Opel-Fans – beispielsweise mit einem Ascona oder Manta 400 – auf ihre Kosten, sondern auch die Interessenten anderer Marken.

HISTORISCHER MOTORSPORT MIT IRMSCHER CLASSICS

In den Folgejahren zählt neben den Driftaktivitäten die Unterstützung von Privatteams im Breitensport – beispielsweise im Opel Adam Cup – zu den Hauptbetätigungsfeldern. Zudem. engagiert sich die hauseigene Irmscher Classics Individual GmbH verstärkt in der äußerst aktiven Klassiker-Szene. Irmscher Classics versteht sich dabei als exklusive Manufaktur zur Pflege der automobilen Leidenschaft und Kultur.

Dazu zählen auch der Aufbau und Verkauf einsatzfertiger Rallye-Fahrzeuge mitsamt einem FIA-Wagenpass für Privatkunden. Hier werden aber auch alle Interessenten für gepflegte sportliche Klassiker außerhalb des Opel-Universums fündig, die einfach nur die Ausfahrten in Young- und Oldtimern genießen möchten, sei es ein Mini, BMW, MG oder gar ein Ferrari.

Ein wichtiges Betätigungsfeld von Irmscher Classics ist die Nachfertigung von vielen gesuchten Motorsportteilen für historische Fahrzeuge. Besonders die Teams, die mit Klassikern aus dem Hause Opel Motorsport betreiben, freuen sich über das Angebot. Wo sonst findet man die legendäre Hinterachsübersetzung 1:4,75, die bei fast allen Rüsselsheimer Hecktrieblern der 70er und 80er Jahre mit großer Hinterachse verbaut wurde.

Aufgrund der Nachfrage werden natürlich auch Motorenteile für die klassischen CiH-Motoren (1,6 – 3,6 l Hubraum) neu aufgelegt. So sind u. a. verstärkte Ölpumpenräder, wie sie bereits im Ascona von Walter Röhrl zum Einsatz kamen, und ein verstärkter Ölpumpendeckel mit eingefrästem Logo verfügbar.

Zur konsequenten Erweiterung des Angebots gehören außerdem innovative Neuentwicklungen wie obere und untere Gelenke mit geschmiedeten Kugelbolzen, die in die Lenker der Fahrzeuge eingepresst werden. Durch eine Exzenterschraube kann sehr einfach der Sturz feinjustiert werden.

Rundum-Angebot: Ob Ventildeckel oder Kegel-/Tellerräder – Irmscher reproduziert klassische Motorsportteile im Original-Look mit hoher Qualität und verhilft damit vielen Fans zu einem erfolgreichen Auftritt bei klassischen Motorsport-Veranstaltungen.

Es ist geplant, das Teileprogramm in den nächsten Jahren sukzessive zu erweitern. Details dazu erfährt man auf der Internetseite www.irmscherclassics.de. Wer übrigens noch einmal tief in die Irmscher-Historie eintauchen möchte, dem sei ein Besuch im Museum am Hauptsitz in Remshalden bei Stuttgart empfohlen. Dort werden Ascona A und weitere Klassiker der Firmengeschichte präsentiert.

IRMSCHER AUF ACHSE

Und natürlich ist das Traditionsunternehmen auch auf vielen Veranstaltungen präsent. Sei es als Teilnehmer bei der *Gruppe B Rallye-Legenden*, wo 10.000 begeisterte Zuschauer im österreichischen Saalfelden den Rallyeboliden aus den 70er und 80er Jahren zujubeln. Oder bei der Klassikwelt Bodensee vor fast 40.000 Besuchern. Ein anderes Highlight ist das Volksfest-PS-Spektakel rund um das alljährlich im Oktober stattfindende Jochpass Memorial, wo Irmscher ab 2017 an den Start geht. Auf der 6,8 Kilometer langen Strecke im Allgäu sind 107 Kurven auf 360 Höhenmetern zu überwinden. Jedes Jahr lockt dieses Bergrennen viele tausend Autoenthusiasten und Motorsportbegeisterte an.

Bei der Retro Classics in Stuttgart ist Irmscher ebenfalls ein gern gesehener Aussteller. Im Jubiläumsjahr 2018 bildet die weltgrößte Klassikermesse auf dem neuen Stuttgarter Messegelände den perfekten Rahmen für einen standesgemäßen Jubiläumsauftritt. Mit von der Partie sind der Opel GT, Ascona A, Ascona B i400, DTM Omega Evo, Opel Kadett E GSi 16V Gruppe A sowie das Meisterschaftsauto V8-Star Omega als Repräsentanten der Irmscher-Motorsporthistorie. Dem Anlass angemessen zeigt Irmscher Design die Studien Gt 2+2 und den reinrassigen Roadster Inspiro.

Hütchenspiel: Bei Messen und Veranstaltungen tritt Irmscher einheitlich auf, auch auf dem eigenen Gelände wie das Bild links vor dem Eingang zum Irmscher Museum zeigt. Rechts ein Auftritt bei der Klassikwelt Bodensee in Friedrichshafen.

Gern gesehen: Der Monte-Commodore von 1973 ist häufig Gast bei Veranstaltungen des historischen Motorsports.

Klassik-Show: Das Irmscher-Museum in Remshalden bietet einen tiefen Einblick in die Geschichte des Unternehmens und der wichtigsten Modelle, hier die Coupé-Studie von 1987 als Vorschlag für einen Manta-Nachfolger, das Irmscher GT 2+2-Konzept auf Omega-Basis sowie der Roadster Inspiro.

Im Zentrum: Günther Irmscher Jr. umgeben von bedeutenden Irmscher-Kreationen (im Uhrzeigersinn beginnend oben): Röhrls Meisterschafts-Ascona A, Omega 500 EVO der DTM-Serie 1991, ein in Irmscher-Farben speziell aufgebauter Opel GT, der 1982er Weltmeisterschafts-Ascona B 400 sowie der Kadett GSi Gruppe A des Jahres 1989.

DEKRA
SC Johnson
AUTOPFLEGE
ATS
irmscher
OPEL
Mobil 1
08

CHRONIK IRMSCHER MOTORSPORT

Die Irmscher Firmengruppe ist aus dem Kapital des Verkaufs eines Motorsportfahrzeuges gegründet worden – dies beschreibt die tiefe Verwurzelung in den Unternehmenswerten. Konsequente Weiterentwicklung führte zu zahllosen nationalen und internationalen Meistertiteln und legte den Grundstein für die enorme Markenbekanntheit früher wie auch heute.

1964	1. Platz ONS Pokal TW und GT Wagen, Günther Irmscher auf NSU Prinz
1965	1. Platz Deutsche Tourenwagen-Meisterschaft (DTM), Günther Irmscher auf NSU Prinz
1967	1. Platz Tour d'Europe, Günther Irmscher auf NSU TT
1969	1. Platz Tour d'Europe, Kurt Waldner auf Opel Kadett B
1971	1. Platz Tour d'Europe, Kurt Waldner auf Opel Ascona A 2. Platz Berg-EM, Dr. Helmut Mander auf Opel Kadett B
1972	1. Platz Tour d'Europe, Kurt Waldner auf Opel Ascona A 1. Platz Berg EM, Dr. Helmut Mander auf Opel Kadett B
1973	1. Platz in der Gruppe 4, Rallye Monte Carlo, Walter Röhrl auf Opel Commodore B 2. Platz Rallye-EM, Walter Röhrl auf Opel Ascona A 1. Platz Tour d'Europe, Kurt Waldner auf Opel Ascona A
1974	1. Platz Rallye-DM, Lars Carlsson auf Opel Ascona A 1. Platz ONS Pokal, Fritz Zanzinger auf Opel Ascona A 1. Platz Rallye-EM, Walter Röhrl auf Opel Ascona A
1975	1. Platz Rallye Akropolis WM Lauf, Walter Röhrl auf Opel Ascona A
1976	Deutsche Rallyemeisterschaft (DRM), Röhrl und Trint auf Opel Kadett C GT/E Deutsche Rallyemeisterschaft (DRM), diverse Siege, Walter Smolej auf Opel Kadett C GT/E
1978	1. Platz Rallye-DM, Achim Warmbold auf Opel Ascona B
1979	1. Platz Rallye-EM, Jocki Kleint auf Opel Ascona B i2000
1980–84	1. Platz bei 18 internationalen Rallyes
1982	1. Platz Rallye WM, Walter Röhrl auf Opel Ascona B 400
1984	Sepp Haider auf Irmscher Opel Ascona B und Kadett C GT/E
1985	Betreuung Opel Sport Cup – Opel Corsa A u. a. mit Erwin Weber
1988	Ladies Junior Team u. a. mit Isolde Holderied auf Opel Kadett E GSi und Corsa A GSi
1989	Deutsche Tourenwagen-Meisterschaft (DTM), Markus Oestreich, Peter Oberndorfer und Sepp Haider auf Opel Kadett E GSi.
1990	Deutsche Tourenwagen Meisterschaft (DTM), Markus Oestreich, Klaus Niedzwiedz, Volker Strycek auf Opel Omega 3000 24V 1. Platz DDR-Rallye-Staatsmeisterschaft, Eberhard Uth auf Opel Kadett E GSi
1991	Deutsche Tourenwagen-Meisterschaft (DTM), Franz Engstler, Frank Schmickler, Volker Strycek auf Opel Omega Evo 500
1991	Teilnahme beim 24-Stunden-Rennen auf dem Nürburgring mit Opel Omega Evo 500
1992	Teilnahme beim 24h-Rennen auf dem Nürburgring mit dem Opel Omega Evo 500
1996	International Touring Car Championship (ITC), Oliver Gavin auf Opel Calibra 4x4
1998	Deutsche Supertourenwagen-Meisterschaft (STW), Franz Engstler auf Opel Vectra STW
1999	Deutsche Supertourenwagen-Meisterschaft (STW), Roland Asch auf Opel Vectra STW
2000	Deutsche Tourenwagen Masters (DTM), Christian Menzel auf Opel Astra V8 Coupé
2001	1. Platz V8-STAR-Meisterschaft, Johnny Cecotto auf Irmscher Omega V8
2002	1. Platz V8-STAR-Meisterschaft, Johnny Cecotto auf Irmscher Omega V8
2003	V8-STAR-Meisterschaft mit Roland Asch auf Irmscher Omega V8 – diverse Siege
2005	1. Platz Deutsche Rallye Meisterschaft (DRM), Super 1600, Markus Fahrner auf Opel Corsa S1600
2007	Bestes deutsches Team beim Rallye-Weltmeisterschaftslauf (WRC) in Deutschland
2008	24h Classic Rennen auf dem Nürburgring
2011	Teilnahme Drift Challenge – 1. Platz Lauf in Oschersleben 1. Europäisches Bergrennen für Elektrofahrzeuge (Bestzeit)

Erfolgsprogramm: Zahllose nationale und internationale Erfolge stehen in der Irmscher-Erfolgs-Chronik. Vom ersten ONS-Pokal über Europa- und Rally-Weltmeisterschaften bis hin zu den Meisterschaften der V8-Star-Serie mit Johnny Cecotto (unten).

2012	Teilnahme Drift Challenge mit komplett neu aufgebautem Chevrolet Camaro
2013	Teilnahme Drift Challenge – 2. Platz Teamdrift/1. Platz Opeldrift
2014	Unterstützung von Privatteams
2016	Teilnahme Gruppe B Legenden – Rallye Festival Saalfelden
2017	Unterstützung Fahrer im Opel Adam Cup
2018	Teilnahme an verschiedenen Veranstaltungen mit dem Team Irmscher Classics Motorsport
2021	Teilnahme an verschiedenen Veranstaltungen mit dem Team Irmscher Classics Motorsport
2022	Fertigstellung Neuaufbau Ascona A Meisterschaftsauto Lars Carlsson unter Mithilfe der Mitarbeiter von 1974
2023	Teilnahme an verschiedenen Veranstaltungen mit dem Team Irmscher Classics Motorsport
2024	Fertigstellung Ascona B i2000 zum 45. Jubiläum des Basismodells für den Breitensport Teilnahme an verschiedenen Veranstaltungen mit dem Team Irmscher Classics Motorsport

irmscher

IRMSCHER HEUTE

PARTNER DER AUTOMOBIL-INDUSTRIE

MEHR ALS EINE HALBE MILLION FAHRZEUGE – VOM KLEINWAGEN BIS ZUM VAN – UMFASST RUND 60 JAHRE NACH GRÜNDUNG DES UNTERNEHMENS DIE GESAMTPRODUKTIONSZAHL. UM DAHIN ZU KOMMEN HATTE MAN BEISPIELSWEISE FÜR OPEL BEREITS FRÜHZEITIG FERTIGUNGSSTÄTTEN IN DER NÄHE DER WERKE DES KOOPERATIONSPARTNERS ERRICHTET.

Kompakt und scharf: Der neue Mokka im Irmscher-Look begeistert die Fans. Felgen, Schürzen und Verkleidungen bilden den bekannten Schwerpunkt der Veredelungs-Maßnahmen.

PRODUKTION IN SPANIEN UND PORTUGAL

Dazu gehört beispielsweise Saragossa, wo Irmscher eine Produktionsanlage in unmittelbarer Nähe des Opel/PSA-Werks besitzt. Dasselbe gilt für Portugal, wo Irmscher in Azambuja für Opel produziert. Umbauten werden sowohl in den Irmscher-Werken als auch in den Verteilerzentren oder beim Kunden direkt ausgeführt. Ausschlaggebend dafür welchen dieser Wege man beschreitet sind Zeit- und Effizienzfaktoren.

Stilübung: Im eigenen Design-Center entwirft Irmscher aufmerksamkeitsstarke Studien, hier eine Zeichnung für die Coupé-Studie 1987 als Vorschlag für einen Manta-Nachfolger.

Seit der zweiten Hälfte der 70er Jahre ist Irmscher darüber hinaus ein Unternehmen, das Fahrzeuge unter eigenem Label auf den Markt bringen darf. Damals erhielt die Irmscher Unternehmensgruppe den Herstellerstatus eines OEM. In den letzten Jahrzehnten wurden Kultfahrzeuge mit eigenem Typenschild wie der Manta B i2800 und i300, der Irmscher Senator 4.0 24V oder auch der GT i40 produziert. Ebenso ist der ikonische Irmscher Roadster – lieferbar als Sauger- oder Turbovariante – aus der hauseigenen Manufaktur zu nennen. Außerdem verließen zahlreiche Erprobungsfahrzeuge mit Irmscher-Typenschild die Fertigungsstätten.

IRMSCHER SONDER- UND SPEZIALSERIENBAU

Irmscher steuert alle für Entwicklung und Bau erforderlichen Schritte von der Analyse über die Ideenfindung, Design, Prototypenbau, Entwicklung, Produktion bis zu Logistik und Vertrieb. Hier haben beauftragende Hersteller und Unternehmen die Möglichkeit, spezielle Ausstellungsfahrzeuge für den Handel entwerfen zu lassen sowie auch Strategien für offene Nischen und die Erschließung neuer Kundengruppen durch exklusive Modelle oder auch optimierte Lagerfahrzeuge anzusprechen.

Durch die weitreichende Erfahrung in diesem Feld, was sowohl Segmente als auch Märkte angeht, steht im Regelfall am Start das Briefing über die Art des Projektes und der Zielgruppe. Die kreativen Köpfe des Irmscher-Teams nehmen sich dann des Projektes an und erstellen Vorschläge. Dies gilt sowohl für Pkw und Reisemobile als auch für den Nutzfahrzeugbereich und vermehrt auch für den weiterführenden Mobilitätsbereich.

In der Folge entstehen besondere Modelle, die auf Wunsch in den Fertigungsstätten der Remshaldener Spezialisten, durch Irmscher-Projektleitung oder beim Kunden direkt umgesetzt werden.

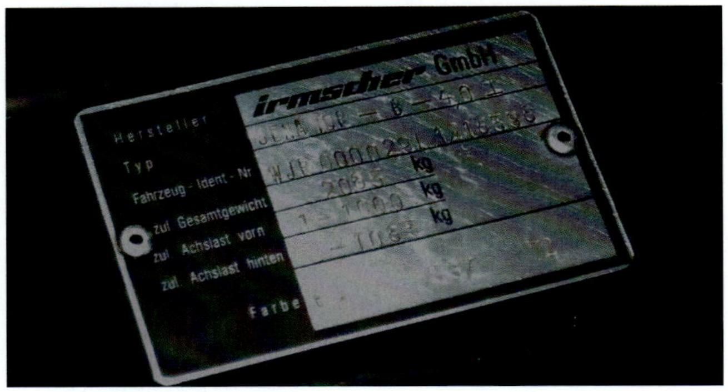

Hersteller-Status: Irmscher ist als Hersteller anerkannt und kann als Marke Fahrzeuge produzieren und mit einem eingetragenen Typenschild des Unternehmens ausstatten.

Showcars: Für verschiedene Hersteller, darunter auch Mercedes-Benz, fertigt Irmscher Ausstellungsfahrzeuge oder Displays an. Das hier gezeigte Fahrzeug verfügt über einen Brennstoffzellen-Antrieb.

Zeitenwende: Der von Irmscher GT i40 mit 480-PS V8 aus der Corvette vor der 1988er Studie Irmscher GT 2+2 auf Omega-Basis.

Ideenwerkstatt und Kreativzentrum: Hier wurden schon legendäre Modelle geboren. Auf dem Bild ein Retro „Komo IS3“ als Rendering-Zeichnung, welcher mit E-Fuels betankt wird.

Am laufenden Band: Mehr als eine halbe Million Fahrzeuge produziert Irmscher in rund 60 Jahren – und mit jedem neuen Projekt steigt die Zahl weiter.

SHOWCARS ALS ANGEBOT

Showcars wurden in der Historie von Irmscher ebenfalls häufig umgesetzt. Die langjährige Erfahrung für verschiedene Unternehmen und Auftraggeber auf den unterschiedlichsten Gebieten sowie eine große Bandbreite möglicher Dienstleistungen aus „einer Hand“ sind Faktoren, die Irmscher-Geschäftspartner zu schätzen wissen.

Internationale Automobilhersteller nutzen gerne die Möglichkeit, ihre Ideen oder auch Konzepte bei Irmscher bis zur Serienreife entwickeln und dann produzieren zu lassen oder – auf Basis einer fundierten Marktanalyse – von den Experten in den Kreativzentren einen kompletten Neuvorschlag entwerfen zu lassen. Neben einem Design-Studio und einer eigenen Technischen Entwicklung unterhält das Unternehmen sein eigenes Entwicklungszentrum.

Aber auch die systematische technische Weiterentwicklung eines bestehenden Produkts ist bei Irmscher möglich. Jeder Kunde erhält ein maßgeschneidertes Konzept auf der Basis langjähriger Erfahrung, die unerlässlich ist für die Realisierung von Kleinserien im Auftrag von Großserienherstellern. Diese können so neue Kundengruppen mit Sondermodellen gewinnen, ohne die eigenen Fertigungsstätten zu belasten.

KOMPLETTE ZUBEHÖRPROGRAMME

Irmscher bietet von der Konzeption über das Design bis hin zur Entwicklung komplette Zubehörlinien für Kunden oder für die Irmscher-Direktvermarktung an. Alles, was an einem Fahrzeug verändert werden kann, steht hier im Angebot – von Design bis hin zu funktionalen Komponenten. Ebenso wird von speziellen Werbemitteln, die darauf ausgerichtet sind, direkt am Point of Sale (PoS) zum Einsatz zu kommen, bis hin zum Verkaufstraining alles aus einer Hand angeboten. Im Bereich Irmscher Classics betreibt das Unternehmen nicht nur die Historienpflege, sondern reproduziert auch klassische Motorsportteile aus der erfolgreichen Geschichte, die selbstverständlich auch Kunden zum Kauf angeboten werden.

Vans für Fans: Für das steigende Segment der Vans und Motorhomes bietet Irmscher über die eigens gegründete Abteilung Van Systems zahlreiche Um- und Ausbaumöglichkeiten an, wie beispielsweise für den Nissan Primastar (links), aber auch Premium SUVs wie der Porsche Cayenne (hier ein Modell für den Mittleren Osten) gehören zum Repertoire …

SYSTEMLÖSER

Irmscher ist heute nicht nur die „kleinste deutsche Automarke", sondern vor allem Systemanbieter für die Automobilindustrie. Ob technische Entwicklung, Designkonzepte oder Sondermodelle von der Konzeption bis zu Umsetzung und Produktion – die Spezialisten aus Remshalden bieten die komplette Bandbreite. So ergibt sich über die Jahre ein beeindruckendes Projekt-Portfolio, die denen namhafte Hersteller auf die Kooperation mit Irmscher setzen:

Audi	Entwicklung, Motorenkonstruktion
Bentley	Interieurkonzept/-komponenten
BMW	Karosserie- und Interieurteile
Bosch	Motorenkonstruktion und Dauerläufe
Chevrolet	Zubehör, Applikationen, Sondermodelle
Daimler	Motorenentwicklung, Demo-/Sonderfahrzeuge
GM/Opel	Zubehörteile, Karosserieteile, Sondermodelle, Entwicklungsdienstleistungen, Vermarktung
Fiat	Sondermodelle und Zubehör
Ford	Sondermodelle
Hyundai	Karosserieteile, Applikationen
Jaguar	Karosserieteile
Kia	Zubehörteile, Sondermodelle
MAN	Motorenteile
Mazda	Sondermodelle
Nissan	Karosserieteile, Zubehör, Sondermodelle
Peugeot	Zubehör, Karosserieteile, Sondermodelle, Vermarktung & Logistik
Porsche	Motorenteile, Zubehörteile, Fahrzeugumbau
Renault	Sondermodelle, Motorenteile
Honda	Messefahrzeuge, Zubehör
Saab	Sondermodelle, Test-Fahrzeuge („Mule-Fahrzeuge"), Zubehör
Toyota	Karosserieteile, Applikationen
Volvo	Zubehör
VW	Zubehör, Sondermodelle

Und viele mehr …

… sowie sportliche Varianten volkstümlicher Modelle wie der Renault Koleos RS …

… oder Sondermodelle des Volvo XC 90 …

… und des Volkswagen Passat CC.

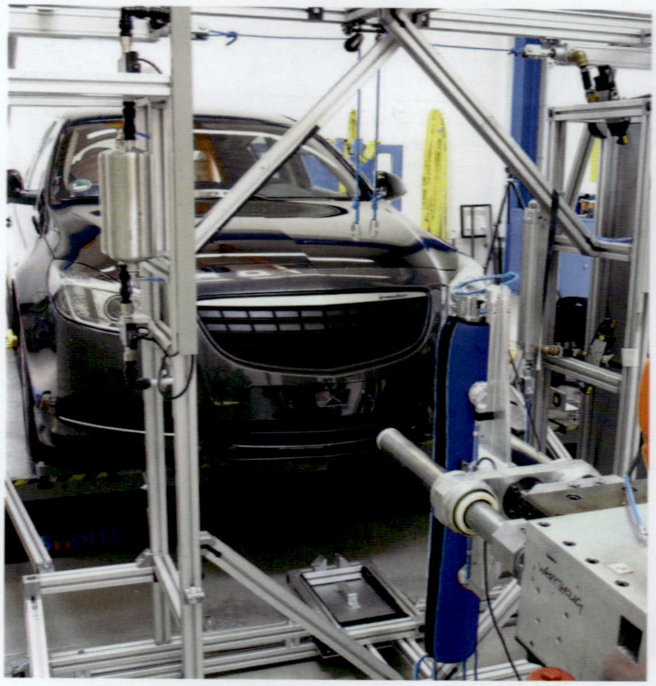

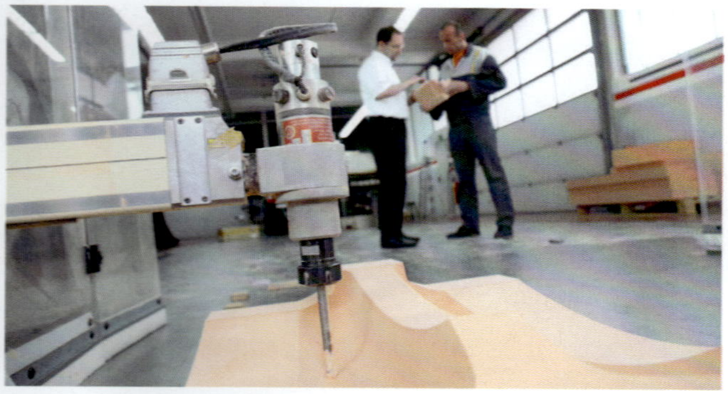

Komplettes Programm: Von der Design-Konzeption über die Entwicklung im Windkanal bis zur Produktion als Hersteller – Irmscher liefert alles aus einer Hand auf Basis einer eigen erstellten minutiösen Prozesskette.

HANDWERKSKUNST UND LEISTUNGSSTÄRKE

Was mit dem Enthusiasmus und der Begeisterung des Firmengründers Günther Irmscher sr. begann, hat sich zu einem angesehenen Unternehmen und Dienstleister für Industrie und Individualisten entwickelt. Das große Maß an langjähriger Erfahrung bietet die Basis für ein leistungsstarkes Portfolio für die Zukunft.

DIE IRMSCHER-PROZESSKETTE

Aus dem Motortuner und Rallye-Spezialisten Irmscher ist in jahrzehntelanger konsequenter Arbeit ein Fahrzeugentwickler und -produzent entstanden, der für verschiedene Hersteller erfolgreich aktiv ist – so auch den Opel-Mutterkonzern Stellantis. Für die Kommunikation setzt man dabei Informationsbroschüren in internationalen Sprachen ein, die das umfassende Spektrum darstellen – von Analyse über Entwicklung bis zur Produktion. Alles aus einer Hand.

Die Entwicklung und Produktion modernster Antriebstechnik markiert die Spitze eines Unternehmens, das heute alle Disziplinen beherrscht:

- Entwicklung von Konzepten und technischen Lösungen je nach Kundenauftrag
- Serienreife Entwicklung und Produktion alltagstauglicher Sonderfahrzeuge bzw. individuelle Verfeinerung bestehender Modelle
- Konzeption und Umsetzung alternativer Antriebe
- Lösungen für den historischen und modernen Motorsport
- Konzeption und Erstellung kompletter Produktprogramme oder Linien im Zubehör- und Produktsegmentbereich

Die hochmodernen Irmscher-Leistungsprüfstände am Standort Remshalden sowie die Designstudios mit allen Möglichkeiten, Kundenwünsche und Dienstleistungen umzusetzen, bilden die Basis für ein hochqualifiziertes Team. Kreative Entwicklungen mit dem Fokus auf Design und Funktionalität sind dabei die Grundwerte, denen jedes Konzept aus dem Hause Irmscher folgt. Neben Karosserie- und Zubehörteilen gehören hier auch komplexe Entwicklungen wie Dachsysteme – von der Idee über die Konstruktion bis zur Umsetzung – dazu.

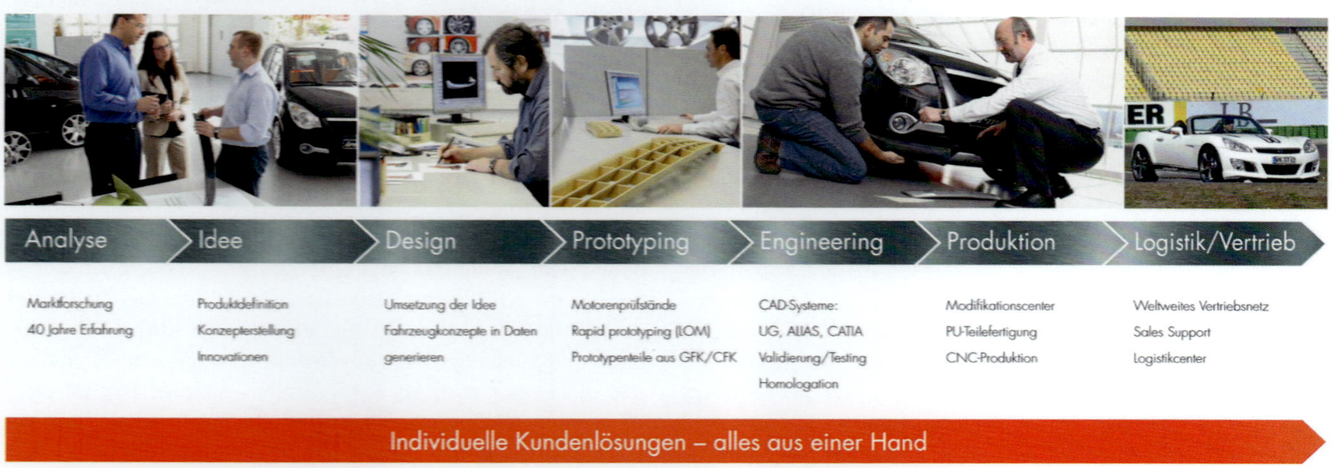

Jubiläums-Modell: Aus Anlass des 50. Jubiläums baut Irmscher eine spezielle Opel Vivaro-Sonderserie auf, den „Liner 68“ (oben). Die Bezeichnung soll an das Geburtsjahr des Unternehmens – 1968 – sowie an die Stückzahl erinnern: Es werden genau 68 Fahrzeuge gebaut. Neben einer speziellen Farbkombination und Schriftzügen wartet der „Liner 68“ mit neugestalteter Frontschürze samt Grill sowie Seitenschwellern auf. Selbstverständlich ist auch eine Multifunktions-i-Box im Gepäckraum verbaut (unten).

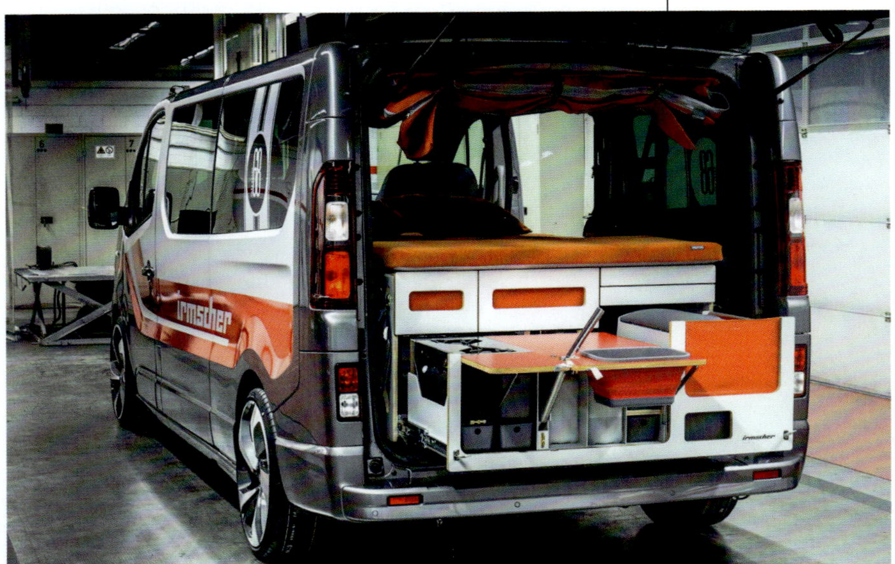

IRMSCHER OPEL VIVARO IM SPORTLICHEN „LINER 68“-LOOK ZUM 50-JÄHRIGEN

Die Feier des 50-jährigen Bestehens des Unternehmens und die Produktion des 500.000. Irmscher-Fahrzeugs, das die Produktionsstätte in Remshalden verlässt, fällt im März 2018 fast auf denselben Termin. Irmscher nimmt dies zum Anlass, das 500.000. Fahrzeug ganz besonders auszustaffieren. Unter dem Namen „Liner 68“ entsteht in limitierter Auflage (68 Stück) ein spezieller Opel Vivaro, der sich durch zahlreiche externe wie interne Merkmale auszeichnet.

Bereits am Äußeren erkennt man die deutliche Differenzierung: Ein spezieller Kühlergrill prägt die Front des Fahrzeuges, die tiefgezogene Frontschürze unterstreicht die sportliche Anmutung. An der Seite findet man dynamisch integrierte Seitenschweller sowie ein komplettes Farbdesign im Irmscher-Look, das sich bis in die Heckpartie fortsetzt. Das Heck dominiert ein neuer Spoiler.

Das Fahrwerk ist komplett überarbeitet und um 35 mm tiefergelegt. Die Leistung wurde von 145 auf 175 PS angehoben. Die dynamischen 20-Zoll-Räder im neuen Irmscher-Exklusivdesign „Heli Star“ unterstreichen wirkungsvoll die ungewöhnliche Optik des Vivaro „Liner 68“. Weiterhin gibt es die Option, Irmschers 17 Zoll große „Wave Star“ zu wählen – damit rollt das Fahrzeug einerseits noch komfortabler ab, andererseits reduzieren sich die Reifen-Ersatzkosten.

Im Innenraum findet sich das bei Opel ab Werk erhältliche Irmscher „Tourer Paket“, das sich durch feine Leder-Applikationen und Velours-Teppiche auszeichnet. Besonders pfiffig ist die neu entwickelte „Multifunktions i-box“. Das Modulsystem verwandelt den Bus in ein Freizeitmobil. Die Box wird ins Heck des Fahrzeuges gestellt und dort befestigt. Sie enthält eine Küche mit Koch-, Spül- und Kühlmöglichkeit sowie etliche Ablage und Funktionen und dient auch noch als Basis für ein veritables Bett für zwei. Binnen zehn Minuten ist auch alles wieder ausgebaut, und der Vivaro wieder ein Transporter.

„I'm Free": Der Irmscher iS 3 "Free" mit Hubdach auf Opel Vivaro-Basis zeigt eindrucksvoll, was Irmscher Van Systems auf diesem Sektor zu bieten hat.

Dazu gehören auch verschiedene Dachsysteme, wie hier auf Basis eines Peugeot als „City Camper" ...

... sowie das Renault Master Ahorn 620 Sondermodell, Gewinner des European Innovation Award.

IRMSCHER VAN SYSTEMS – DACHSYSTEME UND FREIZEITMOBILITÄT

Im Unternehmensbereich Irmscher Van Systems entstehen Konzepte für Dachlösungen wie zum Beispiel das Dachsystem „Stadtcamper", das speziell für alle Hochdachkombis entwickelt wurde. Aus der Idee, einem kompakten Fahrzeug zusätzlichen Nutzen zu geben, entstand eine Ausführung mit weiteren Schlafplätzen für zwei Personen auf dem Dach. Durch die intelligente Konstruktion verliert das Basisfahrzeug nichts von seinem Alltagsnutzen. Zielgruppe sind junge Familien und sportlich aktive Kunden.

Freizeitfahrzeuge für Personen, die diesen neuen Lifestyle leben wollen, werden in der Gesellschaft immer wichtiger, und Irmscher bietet die Lösungen dazu an. Neben der i-Box hat Irmscher aber auch komplette Umbauten von Vans zu bieten, die sich mit unterschiedlichsten Um- und Ausbauten zu neuen Nutzen zuführen lassen. Schienensysteme mit Einzelsitzen sowie Sitz-/Schlafbänke sind da nur ein Beispiel. Auch VIP Shuttle oder mobile Office-Lösungen sind lieferbar.

Weiße Pracht: Der Irmscher iS 2 „Cross“ auf Basis des Opel Vivaro mit komplettem Karosserie-Umbau ...

NEUIGKEITEN BEI IRMSCHER VAN SYSTEMS

Auf der in der Reisemobilindustrie weit verbreiteten Plattform Fiat Ducato (baugleich mit Peugeot Boxer und Citroën Jumpy) bietet Irmscher seit 2021 ein neu entwickeltes 18-Zoll-Rad an, das sowohl für das normale Chassis (5x118) als auch für das Maxi Chassis (5x130) zu haben ist. Dieses Rad im modernen „Heli Star“-Design – auch in komplett schwarzer Optik lieferbar – besticht durch seine fünf verdrehten Speichen, die mit der diamantpolierten Oberfläche ideal zum Charakter der Aufbauten passt. In Sachen Fahrstabilität optimiert diese 18-Zoll-Ausführung durch die größere Dimension und die entsprechend passenden Reifen mit 255er Breite das Fahrverhalten, und zwar sowohl beim Einlenken als auch bei Geradeausfahrt. Ausführungen in 16 und 17 Zoll sind alternativ ebenfalls lieferbar.

Unter dem Label „Irmscher Van Systems“ ist auch ein spezielles Modell auf der PSA-Plattform Ko entstanden: der Irmscher Zafira/Vivaro IS2 „Cross“. Diese Version ist speziell für freizeitorientierte Kunden ausgelegt, die ihren Kastenwagen/Van im Alltag nutzen und für freizeitorientierte Anlässe jederzeit kurzfristig einsetzen wollen. Highlight ist ein spezieller Innenausbau mit unterschiedlichsten hochwertigen Elementen, darunter eine Campingausstattung mit bequemer Schlaffunktion, herausnehmbarer Kocheinheit, eine Spül- und Duschgelegenheit sowie vielfältige Ablagefächer und Taschen. Im Außenbereich gibt es optional ein Karosserie- und Performancepaket, um auch einen perfekten optischen Auftritt zu gewährleisten.

... und hochwertigem Innenraum-Konzept mit flexiblem Sitz- und Ladekonzept.

Phantom der Straße: Der Irmscher Zafira IS3 „Black Phantom“ als limitiertes Irmscher-Sondermodell aus dem Jahr 2022.

Links: Trickreich: Innovativ, flexibel, hochwertig – die Multifunktions-„i-Box“ zeichnet sich durch Variantenreichtum und Robustheit aus.

Rechts: Siegreich: Günther Irmscher bei der Verleihung des Preises „Goldenes Reisemobil 2023“ vom Springer Verlag für die Multifunktions-„i-Box“.

Flashback: Irmscher-Designstudie auf Basis des früheren Opel Vivaro anlässlich der IAA 2017 mit spezieller Farbgebung, Frontschürze, Felgen und Running Boards unter den Schwellern.

Darüber hinaus hat das Unternehmen für den Vivaro ein sportliches „Style"-Modell entwickelt. Der Vivaro bietet die ideale Ausgangsbasis für dieses attraktive Ausstattungspaket, das von Irmscher als „Opel zertifizierte Lösung" angeboten wird. Neben dem charakteristischen Unterfahrschutz im Frontbereich unterstreichen Seitenschweller, alternativ gibt es Edelstahl-Trittrohre, die dynamische Seitenlinie des Vivaro. Der korrespondierend zum Frontunterfahrschutz silberfarbene Ladekanten-Protektor schützt auch die Heckschürze. Carbon-Spiegelblenden stehen ebenfalls zur Verfügung. Den sportlichen Abschluss bildet der integrierte Dachspoiler, der sowohl für die Variante mit Heckklappe als auch für die mit Portaltüren verfügbar ist.

Die Tieferlegung um 35 mm verbessert nicht nur das Fahrverhalten, sondern bietet die ideale Behausung für die formschönen, speziell für den Vivaro entwickelten und bereits beim Sondermodell „Liner 68" optional verbauten „Wave-Star"-Räder. Als Oberflächenbehandlung der 17-Zöller stehen „mattpoliert" oder „diamant-poliert" zur Auswahl. Der Vortrieb kann mittels einer Irmscher-Leistungssteigerung optimiert werden – für die Motoren von 125 bis 145 PS besteht die Möglichkeit, die Leistung um 25 PS zu erhöhen.

Das Kit sowie die weiteren von Irmscher angebotenen Komponenten sind für alle Vivaro-Modelle direkt bei Irmscher oder bei jedem Irmscher Opel Händler bestellbar. Die Teile passen bei allen Modellvarianten des Vivaro.

Neuer Stil: Der Irmscher iS 3 auf Basis des Opel Vivaro Facelift des Modelljahres 2024 – auffällige Lackierung und schwarze Felgen entsprechen dem heutigen Kundengeschmack.

Schwarz gewinnt: Black-Phantom-Optik auf Opel-Vivaro-Basis mit farbenfroher Folierung und speziellem Shuttle-Interieur. Das Segment des modernen Personentransport – gewerblich sowie privat – hat Irmscher als neue Marktnische entdeckt.

Variabel: Ein Schienensystem mit bis zu sechs Einzel-Sesseln ist das Herzstück des Irmscher-Shuttle-Systems, das wahlweise auch Sitzbank-Lösungen bietet. Hochwertige Materialien setzen neue Standards für Variabilität und Praktikabilität.

Neue Größe: Auch der Opel Movano der dritten Serie ist willkommene Basis für Irmscher Shuttle Systems mit variablen Sitz-Konfigurationen.

Augenschmaus: Ford Transit Custom Individualisierungsprogramm zum Modellstart. Wie bei jedem Hersteller ist Irmscher in der Lage, für jede Markteinführung ein harmonisch abgestimmtes und exklusives Designkonzept umzusetzen.

Geistreich: Irmscher Studie „Spirit“ auf Basis des Ford Transit Custom mit Offroad-Elementen und i-Box im Kofferraum für vielfältigste Einsatzmöglichkeiten.

Auch für den erfolgreichen Ford Transit Custom bietet Irmscher zum komplett neu entwickelten Modell einen sportlich-dynamischen Individualisierungs-Kit mit überarbeiteter Frontschürze und in die Seitenlinie integrierten Seitenschweller mit Heckschürzenansatz an. Abschluss bildet ein Heckspoiler mit aerodynamischer Funktion. Die Felgen der Dimension 19 Zoll im modernen Heli Star Design sind in schwarz oder glanzpoliert verfügbar. Ebenso steht eine 18 Zoll Off-Road-Felge im Cross Star Design zur Auswahl. Irmscher bietet eine Tieferlegung um ca. 30 mm an welches auf das Fahrwerk ideal abgestimmt wurde.

An betont freizeitorientierte Kunden wendet sich Irmscher mit der Transit-Studie „Spirit“. Neben der auffälligen Lackierung in Hellgelb/Grün mit anthrazitfarbenen Elementen fallen Zutaten wie die Irmscher Frontspoilerlippe auf, die hinter dem Frontschutzbügel montiert ist und mit den ovalen Trittrohren eine harmonische Einheit bilden. Diese Trittrohre münden harmonisch in einen Heckschürzenansatz, der die Heckpartie deutlich satter auf der Straße stehen lässt. Auch hier fallen die Felgen in der Dimension 18 Zoll auf. Alternativ steht auch das Heli Star Design in schwarz oder glanzpoliert zur Verfügung.

Samba lässt grüßen: Mit ungewöhnlichen Zweifarbenkonzepten bietet das Irmscher Konzept Raum für Erinnerungen an den klassischen Bully Samba der 50er und 60er Jahre – auch ohne mechanisches Faltdach. Gleichzeitig verknüpft das Modell nostalgische Optik mit modernster Elektro-Technologie.

Vielseitig orientiert: Auch für den Volkswagen Caravelle hält Irmscher ein apartes und komplettes Umbau-Programm zur optisch dezenten Verfeinerung bereit. Zusätzlich zu dem gezeigten Individualisierungspaket sind unter anderem ein Frontschutzbügel, Trittrohr-Satz sowie spezielle Leichtmetallräder auf Wunsch lieferbar.

Elektro-Flotte: Unter der Bezeichnung iSe hat Irmscher eine eigene Serie auf Basis elektrifizierter Opel-Modelle entwickelt, die – neben einer identischen Farbgestaltung – über eigens entworfene Leichtmetallräder sowie spezielle Fahrwerksabstimmungen verfügen.

irmscher
irmscher

Neuinterpretation: Inspiritert vom Erfolg der ersten „weißen Flotte" Ende der 70er Jahre legt Irmscher eine komplette neue weiße Flotte für die Opel-Modelle Mokka, Vivaro, Zafira sowie Corsa auf.

DIE „WEISSE FLOTTE" KOMMT WIEDER

Irmschers Neuauflage der „Weißen Flotte" ist als emotionales Zitat der eigenen Historie gedacht. Obwohl Ende der 70er Jahre noch Schüler, erinnert sich Günther Irmscher gut an diese Zeit als sein Vater mit immer neuen Ideen, individuelle Glanzpunkte für die damals stark nachgefragten Opel-Modelle setzte: „Ende der 70er Jahre war die ‚Weiße Flotte' eine der ersten Tuning-Serien im deutschen Markt, die eine hohe Beachtung in den Medien fand. Irmscher stellte damals auch eine eigene Felgen-Designlinie vor, die über Jahre Bestand haben sollte. Mit der ‚Weißen Flotte 2021' transportierten wir die Idee einer einheitlichen Serie über verschiedene Modelle auf besondere Art in die heutige Zeit und passten auch die Fahrzeugsegmente an – ganz im Trend der Zeit."

In Anlehnung an die „Weiße Flotte", die Irmscher 1978 mit den Modellen Kadett C, Manta B/Ascona B und Rekord E auf den Markt gebracht hatte, werden bei der 2021er Neuauflage aufmerksamkeitsstarke Modelle mit weißer Außenlackierung und zusätzlich mit speziell entwickelten Leichtmetallrädern angeboten. Die Neuauflage der legendären Irmscher-Serie besteht diesmal aus Corsa (Baureihe E), Mokka (Baureihe B) und Zafira (jetzt als leichtes Nutzfahrzeug). Neben der gemeinsamen Basisfarbe prägt die 2021er Sonderserie verbindende Elemente und Individualisierungen aus dem Hause Irmscher, wie die neugestaltete Frontspoilerlippe mit passenden Seitenschwellern und Heckschürze sowie Dachspoiler. Alle Teile wurden nachhaltig entwickelt und unter modernsten Testmethoden inklusive Fußgängerschutzprüfungen homologiert.

Darüber hinaus sind die Fahrwerke der einzelnen Modelle umfangreich überarbeitet (u. a. Tieferlegung um 30 mm), um ganz der Irmscher-Tradition folgend ein komplett eigenständiges Fahrverhalten mit sportlicher Note zu erzielen. Neben den Fahrwerkskomponenten legte Irmscher auch wieder Hand an die Rad-Reifen-Kombinationen. Der Irmscher Corsa steht auf modernen Irmscher „Turbo Star"-Design-Rädern mit gedrehten Vielspeichen. Der Mokka besitzt komplett neu entwickelte 19-Zöller, die auf den Namen „Cosmo Star" hören und von flächig gedrehten großen Speichen geprägt werden. Bei den Rädern für den Irmscher Zafira handelt es sich um 20 Zoll große Ausführungen im „Heli Star"-Design – wie Rotoren eines Hubschraubers bewegen sich die sichelförmigen Speichen um die eigene Achse. Alle Kompletträder verbinden die roten iRS-Nabendeckel im motorsportlichen Zentralverschluss-Look.

Ebenso finden sich an allen drei Modellen eigenständige Dekore, die in Schwarz und Rot gehalten sind. Im Innenbereich verbinden die Modelle eigens für diese Serie gefertigten Fußmatten und Einstiegsleisten. Optional können Interessenten aus der Irmscher Manufaktur individuelle Lederpakete in mehreren Ausstattungsstufen auswählen.

Die Motorleistung wurde bei der „Weißen Flotte" ebenfalls überarbeitet. So fahren der Corsa und der Mokka nun mit 150 PS (Serie: 130 PS) und der Zafira mit 200 PS (Serie: 177 PS) vor. Natürlich sind alle Vertreter der „Weißen Flotte" auch als Elektro-Variante, entsprechend dem Opel-Serienprogramm, erhältlich.

Beeinflusst vom Motorsport: Mit der Astra-Studie IRC greift Irmscher Elemente von Fahrzeugen der World Rallye Championship WRC auf und will gleichzeitig an die Tradition des Unternehmens im Rallye-Sport erinnern.

Hoch im Wind: Der markante Heckflügel dominiert die Studie Corsa IRC. Schwarzes Dach, schwarze Akzente, Mittelauspuff und breit ausgestellte Kotflügel sind nicht nur sportliche Pose – unter dem Blech schieben 200 PS den kompakten Opel an.

CORSA UND ASTRA IRC SIND VOM RALLYESPORT INSPIRIERT

Im Juni 2021 stellt Irmscher – ganz der Tradition des Unternehmens folgend – nächste spezielle motorsportorientierte Modelle vor, bei der sich die Designer von Fahrzeugen der Rallye-Weltmeisterschaft (WRC) inspirieren lassen und damit auch an die großen Rallye- und Motorsporterfolge des Unternehmens erinnern sollen – den Irmscher Corsa IRC und im Anschluss – ab 2023 – den Astra IRC. Während für den Corsa 200 PS als Leistung genannt werden, ist das Ziel beim Astra eine Spitze von 260 PS. Zusätzlich zu den sportlichen Karosserie-Applikation, wie Kotflügel-Verbreiterungen, Seitenaufsatzteilen sowie einem Irmscher-Grill im Waben-Design bietet der Corsa 18-Zoll-Räder im Turbo-Star-Styling. Optische Besonderheiten des Astra IRC sind die bullige Frontpartie mit den aufwändig ausgearbeiteten Verbreiterungen und Luftöffnungen. Dazu kommen – dem klassischen Irmscher-Rezept folgend – spezielle 20-Zoll-Leichtmetallräder im Hydra-Design. An der Seite findet man dynamisch integrierte Aufsatzteile, die sich über den unteren Bereich ziehen und in der Verbreiterung der Heckpartie münden. Eine markante Heckschürze dominiert die Optik in Verbindung mit dem luftwiderstandsoptimierten Heckspoiler.

Pole Position: Noch vor dem offiziellen Start des neuen Astra im Handel Anfang Mai 2022 hat Irmscher seine Version des Opel-Top-Sellers erdacht und gebaut. Die Irmscher-Interpretation unterstützt damit wirkungsvoll das gelungene Basis-Design des neuen Astra des Baumusters „L", sowohl beim Kombi Sports Tourer als auch dem 5-türigen Hatchback.

NEUSTART AUCH FÜR DEN NEUEN ASTRA

Schon vor dem offiziellen Verkaufsstart des Astra L ab 2022 kamen erste Informationen über eine Irmscher-Version des traditionellen Opel-Bestsellers, für den wieder klassische Irmscher-Zutaten geplant sind: Spezielle Leichtmetallräder, dezente Karosserie- und Fahrwerks-Modifikationen in bester Tradition des Hauses.

Dazu Günther Irmscher: „Der Astra spielte immer eine besondere Rolle in unserem Programm. Im Falle des neuen Astra des Baumusters „L" wollten wir die schon werkseitig progressive Linie mit Irmscher-typischen Elementen für eine Zielgruppe unterstützen, die eine besonders individuelle Note wünscht."

Starker Mokka: den Mokka iS3 Black bietet Opel offiziell in einer Auflage von 750 Fahrzeugen über seine Händler an. Zusätzlich zur optischen Differenzierung durch Räder und Fahrwerk können optional Bug- und Heckschürzen gewählt werden.

Auf Kurs: Im Innenraum sorgen ein Alcantara-ummanteltes Volant sowie eine Plakette mit individueller Nummer des Fahrzeugs neben Details wie spezielle Fußmatten für eine exklusive Atmosphäre.

IRMSCHER OPEL MOKKA IS3 BLACK 2022

Back to Black: In enger Kooperation mit Opel entwickelt Irmscher 2022 den Mokka Black, der in einer limitierten Auflage von 750 Stück produziert wird. Basis ist das komplett ausgestattete Ultimate-Modell aus dem Serienangebot. Elegant und exklusiv sind die Irmscher-19-Zoll-Leichtmetallräder im Cosmo-Star-Black-Design mit Sportbereifung des Formats 255/45 R19. Hinzu kommt eine speziell entwickelte Fahrwerks-Tieferlegung für ein noch knackigeres Handling. Im Innenraum fallen neben dem Alcantara-Sportlenkrad mit silberner Naht die schwarz eloxierten Einstiegsleisten sowie passende Fußmatten auf. Abschließend unterstreicht ein spezieller Schlüsselanhänger die Besonderheit des Modells.

Schlussakkord: Seit Start des letzten Opel Insignia im Jahre 2017 gehörte exklusive Irmscher-Optik zum Angebot für das Opel-Flaggschiff. Auch nach Auslauf der Produktion können sich Insignia-Fans daraus bedienen.

Neues Top-Modell: Der neue Grandland mit beleuchtetem Opel-Logo am Kühlergrill ist mit Modellstart ebenfalls sofort mit exklusiver Irmscher-Optik lieferbar, ebenso wie der neue Frontera, der die Rolle des bisherigen Crossland übernimmt und sich an die Freunde kompakter SUVs wendet.

WIEDER IN DER TOP-KLASSE: IRMSCHER OPEL INSIGNIA B ZUM LAUNCH 2017

Der Insignia erstrahlt als neues Top-Modell aus dem Hause Opel bereits seit der Präsentation der ersten Generation im Jahre 2008 ebenfalls im Irmscher-Look. Das ändert sich auch nicht, als zum Genfer Salon 2017 der Insignia B vorgestellt wird: Zum Marktstart der zweiten Generation widmen sich die Remshaldener in erster Linie dem Thema Fahrverhalten und legen den Insignia um ca. 30 mm tiefer. In Kombination mit dem neu designten 20 Zoll großen Rad im „Heli Star“-Exclusiv-Design ergibt sich eine fast unschlagbare Kurvendynamik. Weitere 20-zöllige Radversionen sind im Exclusiv-Design „Turbo Star“ und „Evo Star“ erhältlich.

An der Front prägt der typische Irmscher-Kühlergrill im Wabendesign mit Edelstahl- oder Carbonleiste die Fahrzeugfront. Die Designer haben zudem die Fahrzeugfront gezielt im Detail verändert. Der seitliche Zierstreifen betont die dynamische Seitenlinie des neu gestylten Opel Insignia im Irmscher-Dress. Im veredelten Innenraum erfüllt Irmscher jeden Wunsch im Hinblick auf Material, Farbe und Verarbeitung.

INSIGNIA-STUDIE IS3

Top-Fahrzeuge der internationalen Tourenwagen-Serien dienen als Inspiration für die sportlich-elegante Insignia-Sudie IS3 mit aggressiver Frontparte und aufwändig ausgearbeiteten Luftöffnungen in Carbon. Der markentypische Kühlergrill im Wabendesign, sorgfältig abgestimmte Exterieurteile, ebenfalls aus Carbon, sowie 20-Zoll-Räder nebst Tieferlegung komplettieren das betont sportive Modell.

GRANDLAND UND FRONTERA

Auch für die 2024 neu präsentierten SUV-Modelle Grandland und Frontera hat Irmscher bereits frühzeitig sein Design-Team in Bewegung gesetzt. Ergebnis ist ein für beide Modelle speziell entwickeltes Programm typischer Individualisierungs-Zutaten. Dazu gehören attraktive Bugschürzen, Seitenverkleidungen im Schwellerbereich und natürlich – last but not least – ein attraktives Leichtmetallräder-Programm. Dazu kommen Tieferlegungs-Sets für die Fahrwerke beider Modelle.

Eigen-Initiative: Für das Tesla Modell Y ersinnt Irmscher ebenfalls ein Optik-Kit inklusive speziellen Leichtmetallrädern – ohne Beauftragung durch den Hersteller.

Auftragsarbeit: Für einen großen Händler entwickelt Irmscher den Jeep Wrangler Cross, der sich nach Irmscher-Tradition durch besondere Leichtmetallräder und eine spezielle Lederausstattung auszeichnet.

Elektrik-Trick: Urban Edition heißt das Sondermodell für den Fiat 500 E, das sich durch 17-Zoll-Turbo-Star-Felgen sowie Design-Beklebung hervorhebt.

Links: Rauten-Optik: Im Innenraum fallen hochwertige Leder-Sitzbezüge sofort ins Auge. Alle Fahrzeuge sind nummeriert.

Rechts: Inspiriert vom Wassersport: Mit den Sondermodellen Sail-/Yacht Edition wendet sich Irmscher an ein modernes Publikum. Insgesamt werden 500 Fahrzeuge gefertigt.

IRMSCHER MIT EXKLUSIVEM SONDERMODELL DES FIAT 500C

Auch für das Kultmodell Fiat 500C entwickelt Irmscher ein umfangreiches Individualisierungspaket. An der Front des Hybrid-Modells fällt ein angedeuteter Frontgrill auf. Diamantgedrehte 17-Zoll-Räder, deren Farbe der des Fahrzeugdachs entspricht, unterstreichen den individuellen Charakter.

Im Interieur der Sail-/Yacht-Edition setzt Irmscher auf eine neu entwickelte Mittelarmlehne sowie feine Lederkopfstützen, mit Prägung „Sail“- sowie „Yacht“-Edition.

Passende Fußmatten und eine nummerierte Plakette im Innenraum für die Sail- sowie die Yacht Edition kennzeichnen den besonderen Charakter der insgesamt 500 Einheiten umfassenden Sondermodelle, die exklusiv über die Auto König-Gruppe angeboten werden.

Cleverer Schachzug: Zur Ansprache junger Kunden setzt man auf sogenannte „Influencerinnen“, wie hier auf den Instagram-Star Emilia Bartoeck, die über 1,4 Millionen Follower hat (Stand: Januar 2025).

Heritage meets future – neues Gebäude für Präsentationen. Besonderheit: es wurde vom Irmscher-Design-Center entworfen. Es ist in den aktuellen Irmscher-Farben Grau und Rot gehalten und dient als moderne Unternehmens-Repräsentanz, die speziell für Produktvorstellungen genutzt wird. Das Design des Gebäudes spiegelt die Irmscher-DNA wider.

IRMSCHER FIRMENGESCHICHTE – CHRONIK EINER ERFOLGREICHEN FIRMENGRUPPE

Irmscher hat seit seinen Anfängen im Jahr 1968 mit leistungsgesteigerten Fahrzeugen und Einsätzen im Motorsport stets versucht, sich den veränderten Marktbedingungen und Kundenwünschen anzupassen – und das mit Erfolg: Die außergewöhnliche Bandbreite neuentwickelter Modelle und innovativer Lösungen findet man kaum ein zweites Mal.

1968	Firmengründung durch Günther Irmscher sen. in Winnenden (verstorben: 9. Februar 1996)
1970	Erste Kooperation mit der Adam Opel AG – der Anfang einer erfolgreichen Partnerschaft
1972	Sportvertrag mit der Adam Opel AG
1977	Erste Opel-Sonderserienfertigung auf der Basis des Kadett City Gründung einer eigenen Entwicklungsgesellschaft und Aufbau CAD-Kompetenz
1978	Verlagerung des Irmscher-Hauptsitzes nach Remshalden in die ehemaligen Heinkel-Werke Erweiterung des Betriebsgeländes auf 50.000 m² für eine höhere Produktionskapazität
1980	Vorstellung Irmscher 2,0-l-16V-Motor als komplette Neuentwicklung
1983	Der legendäre Manta wird bei Irmscher in verschiedenen Sondermodellvarianten in großen Stückzahlen produziert
1985	Die Adam Opel AG und Irmscher schließen einen Kooperationsvertrag im Bereich Sonderserienfertigung
1988	Präsentation des Irmscher GT, einer Designstudie eines 2+2 Coupés
1989	Eröffnung der Irmscher-Produktionsstätte in Spanien zur Fertigung von Sondermodellen wie z. B. Corsa Spider, Corsa Sprint oder Corsa Canvas Top
1990	Produktion des Irmscher Senator 4.0 und des Opel Omega Evolution 500
1991	Zusammenarbeit mit verschiedenen Unternehmen der Automobilindustrie
1992	Produktion des Spitzenmodells Renault Safrane Baccara Biturbo Im neuen Werk in Zaragoza/Spanien wird auf 55.000 m² die Produktion von verschiedenen Sondermodellen erweitert.
1993	Die Adam Opel AG und Irmscher schließen einen umfangreichen Kooperationsvertrag im Bereich Aftersales/Zubehör. Vorstellung und Produktionsstart des reinrassigen Irmscher Roadsters auf Basis eines eigenen Gitterrohrrahmens
1994	Vorstellung des Irmscher Selectra: erstes Elektrofahrzeug mit seriellem Hybridantrieb auf Basis eines Großserienfahrzeugs
1995	Irmscher-Firmen werden nach DIN EN ISO 9001 zertifiziert – ein wichtiger Schritt hin zu einem offiziellen Hersteller-Status
1998	Mit dem exklusiven Vectra Sondermodell Irmscher i30 feiert man das 30-jährige Firmen-Jubiläum.
1999	Ausbau des Irmscher-Entwicklungszentrums, u. a. Installation von modernen Motorenprüfständen für Industrieaufträge Produktion Vectra Sport und Vectra i500 Nach Abschluss seines Studiums tritt Günther Irmscher Junior in die Geschäftsleitung ein.
2001	Zertifizierung nach QS 9000 und VDA 6.1 Eröffnung eines weiteren Produktionsstandortes in Azambuja, nahe Lissabon, Portugal
2002	Präsentation der Designstudie Irmscher Inspiro Auditierung von namhaften Automobilherstellern
2003	Zum 35-jährigen Firmenbestehen stellt Irmscher das Sondermodell Vectra i35 mit Kompressor vor.
2004	Ausbau der Business-Einheit „Alternative Antriebe“
2005	Produktionsstart von Sondermodellen für die Groupe PSA
2006	Kooperationsvertrag mit General Motors Europe (GME) im Bereich Flüssiggas (LPG)
2007	Kooperationsvertrag mit dem PSA-Konzern weltweit; Start der „RC Line“-Serie für Peugeot Start Produktion von Kühlfahrzeugen „Irmscher Isotherm“ in Südeuropa
2008	40 Jahre Automotive Passion – Vorstellung des Jubiläumsmodells Irmscher GT i40 V8 Kooperationsvertrag mit Chrysler Deutschland
2009	Ausbau des Unternehmensbereichs Entwicklungsdienstleistung mit Ausbau der Designkompetenz und des Motoren-Prüfstandbereichs
2011	Gründung des neuen Geschäftsfeldes „Irmscher Van Systems“ für Kunden in der Freizeit- und Reisemobilindustrie Vorstellung Irmscher Roadster Selectra; reines Elektrofahrzeug auf eigenem Gitterrohrahmen
2012	Vorstellung des innovativen Dachsystems für kleine NFZ-Stadtcampers Kooperationsvertrag mit Kia Deutschland sowie Kooperationsvertrag in Australien Start der Sondermodellserie Chevrolet „Sportsline by Irmscher“

irmscher

2013	Einführung des ersten Irmscher Sondermodells für den chinesischen Markt
2014	Erweiterung Bereich „Irmscher Classics“
2015	Vertrag mit der Adam Opel AG über Lieferung von Ausstattungsvarianten des Opel Vivaro (Tourer/Free)
2017	Start der Geschäftsbeziehung mit FCA Italien / erfolgreiche Auditierung durch FCA
2018	50 Jahre Irmscher – Vorstellung des Jubiläumsmodells Irmscher Vivaro „Liner 68“ Produktionsjubiläum mit dem Umbau des 500.000sten Fahrzeuges (Vivaro „Liner 68“) Einführung innovative modulare Multifunktions „i-Box“ – Freizeitmobilität neu definiert
2019	Erfolgreiche Zertifizierung durch den PSA-Konzern (später Stellantis)
2020	Einführung Irmscher Zafira iS3 „Free“ und Zafira iS3 „Black Phantom“ Vorstellung umfangreiches Produktprogramm Opel Mokka zum Launch
2021	Vorstellung der Neuauflage der legendären „Weißen Flotte“ Umfangreiche Projekte für die Marke Renault
2022	Erweiterung des Produktportfolios um umfangreiche Shuttle-Umbauten für alle Marken
2023	Auszeichnung „Das Goldene Reisemobil“ der Autobild-Gruppe
2024	Irmscher Design entwirft erstmals ein komplettes Gebäude / Verkörperung der Markenwerte durch ein ikonisches Design am Gründungsstandort Winnenden

Die Pessimisten behalten irgendwann immer mal wieder recht, aber zwischendurch machen die Optimisten die Geschäfte!

Günther Irmscher sen.
Firmengründer

Zurück in die Zukunft: Ikone der Siebziger in Gestalt des Ascona i2000 trifft Irmscher-Neuinterpretation auf Astra-Basis. Als Hintergrund für diese denkwürdige Gegenüberstellung fungiert das neue Präsentationsgebäude.

irmscher